子瑜妈妈 著

谨以此书，
献给充满爱和温暖的你！

图书在版编目（CIP）数据

孩子爱吃 / 子瑜妈妈著 . --北京：北京联合出版公司, 2014.6

ISBN 978-7-5502-3156-6

Ⅰ. ①孩… Ⅱ. ①子… Ⅲ. ①儿童 - 食谱 Ⅳ. ①TS972.162

中国版本图书馆CIP数据核字（2014）第115438号

孩子爱吃

作　　者： 子瑜妈妈

责任编辑： 徐秀琴　李　婷

版式设计： 李贵珍

北京联合出版公司出版

（北京市西城区德外大街 83 号楼 9 层　100088）

北京京都六环印刷厂印刷　新华书店经销

字数 300 千字　710 毫米 ×1000 毫米　1/16　13 印张

2014 年 6 月第 1 版　2014 年 7 月第 2 次印刷

ISBN 978-7-5502-3156-6

定价： 39.80 元

一直很想出一本书，想帮助挑食的孩子爱上吃饭，想给不会做菜的新手妈妈解围，想推广自制零食的健康理念，想让家长能在特殊的日子里给孩子带来一份惊喜，想为更多家庭带去幸福的感觉！

经过近一年努力，《孩子爱吃》终于诞生了。全书分为“我不爱吃蔬菜”、“我不爱吃鸡蛋”、“我不爱吃米饭”、“我不爱吃肉”、“我不爱吃水产”、“妈妈亲手做的零食”和“今天是个特殊的日子”7个版块，精挑细选了各种孩子有可能不太爱吃的食物进行示范制作，给妈妈们支招。

蔬菜富含各种维生素，米饭富含能量，鸡蛋是最优质的蛋白质，肉类和鱼虾富含各种优质蛋白质和微量元素。对于处于生长期的儿童来说，最需要的就是食物多样化，营养全面化，什么都爱吃，才能茁壮健康地成长。至于零食部分和特殊纪念日部分，对于孩子来说也是必不可少的，可以让孩子享受童年该有的快乐，可以让孩子有期盼，有梦想，心理一直保持着健康地成长。

全书最给力的莫过于“小小美食家”环节，来自五湖四海的35个可爱孩子参与了《孩子爱吃》的制作，为这本书添上了精彩的瞬间。非常感谢！

最后，感谢查蒙蒂娜的环保锅具赞助，感谢禾然有机的儿童有机调味品赞助，感谢绿领生活的有机食材赞助，感谢月光宝盒制作团队为本书的辛苦努力。还要特别感谢拥有本书的你，你们的支持，注定了此书的不平凡。

感谢有你，感恩一切！

@子瑜妈妈

2014年6月1日

目录
contents

第1章 我不爱吃蔬菜

翡翠小薄饼

橙色的面条

绿色奶油浓汤

卡通萝卜

面皮时蔬卷

面拖素菜丸

好心情沙拉

豇豆棒棒糖

蔬菜煎饼子

甜甜糯米藕

米妮蔬菜汤

奶香豌豆泥

一、我不爱吃蔬菜

第2章 我不爱吃鸡蛋

鸡蛋小船

芦笋蛋卷棒棒糖

五香鹌鹑蛋

牛肉厚蛋烧

月牙儿蛋饺

时蔬蒸蛋羹

葱香鸡蛋小面饼

鸡蛋黄金发糕

虎皮蛋焖红烧肉

鸡蛋手擀面

二、我不爱吃鸡蛋

第3章 我不爱吃米饭

花朵米饭饭团

金包银蛋炒饭

神奇的乌米饭

香甜珍宝饭

米饭饺子

黄瓜黑米卷

Kitty米饭

米饭方糕

三文鱼菠萝炒饭

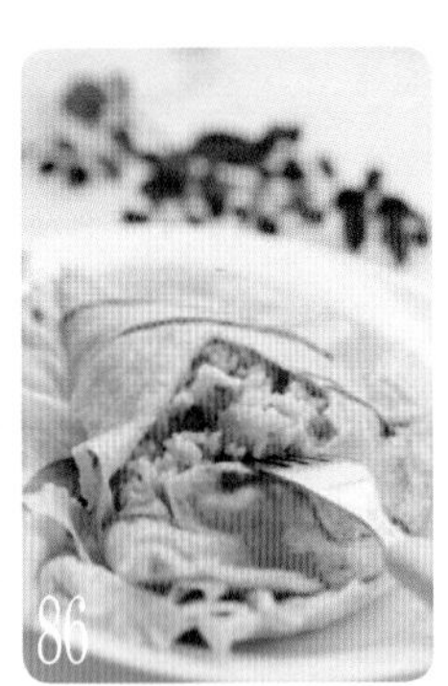

月亮蛋包饭

米饭比萨

三、我不爱吃米饭

第4章 我不爱吃肉

鲜肉吻鸡蛋

少油香煎猪排

牛肉煎饼子

皮卷肉

糯米小丸子

太阳肉蒸蛋

香煎五花肉

香喷喷的猪肉脯

香卤牛肉

肉丸滚面包糠

彩椒烤肉串

大葱爆羊肉

好吃的肉松

四、我不爱吃肉

第5章 我不爱吃水产

鱼肉蛋饼

煎鱼排

鱼肉芦笋卷

茄酱鱼片

培根虾肉馄饨

开背蝴蝶虾

简版糖醋带鱼

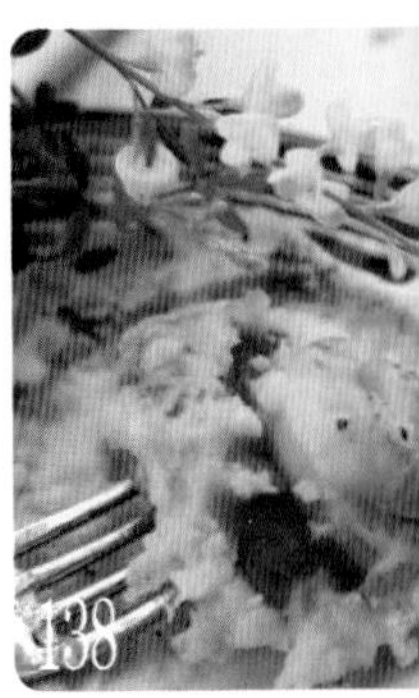
芝士焗扇贝

蕃茄鱼

鱼虾水蒸蛋

微波炉虾干

蒜蓉焗大虾

牡蛎煎蛋

五、我不爱吃水产

第6章 妈妈亲手做的零食

考红薯

牛轧糖

糖渍金橘

160
hello kitty 饼干

自制芒果冰激凌

简焖板栗

焦糖布丁

糖霜核桃

糖葫芦

爆米花

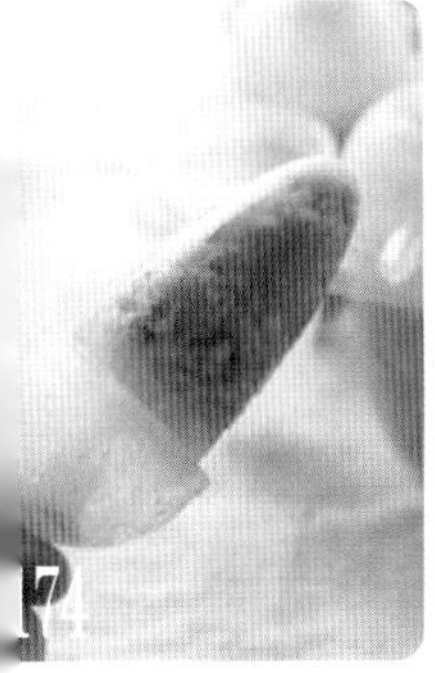
制绿豆棒冰

琼脂山楂糕

铜锣烧

基础咸风蛋糕

草莓水果杯

六、妈妈亲手做的零食

第7章 今天是个特殊的日子

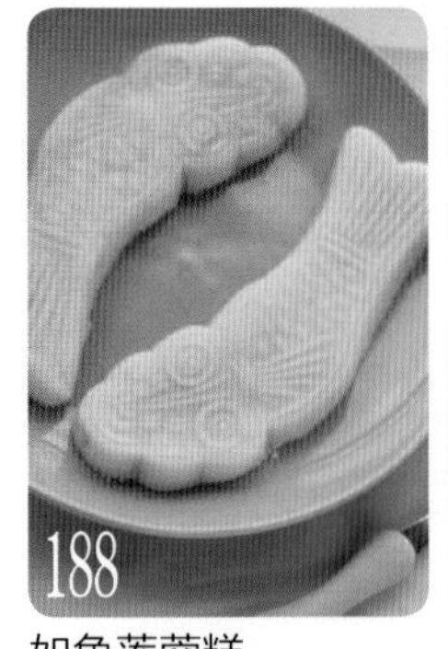

如鱼莲蓉糕

水果小汤圆

彩虹造型菜

草莓蛋糕

冰皮月饼

想要一座全是巧克力的房子

你很棒！巧虎正能量饭团

七、今天是个特殊的日子

栏目说明

1. 妈妈的小叮咛　一些健康、安全和锅具使用的小提示。
2. 零失败必看　是子瑜妈妈做这道菜时的心得和经验分享。
3. **步聚中的红色字**　出现红色字体，说明这是制作时的关键点哦。

超实用的

技巧索引

本索引由书中讲解技巧的小栏目《妈妈的小叮咛》和《零失败必看》整理而来，方便您在短时间内检索到您所需要的内容。

子瑜妈妈的孩子这样吃

生活中，很多人都以为子瑜是吃的最爽的，妈妈每天都翻着花样给她做菜，太幸福了！太羡慕她了！事实上，完全不是大家想象的那样。我其实是个超级懒虫，甚至偶尔会觉得对不起她，从小她吃的最多的就是饺子和炒杂菜。经常会包饺子，包一次够她吃好几顿，想着反正饺子馅里菜的种类蛮齐全的，应该不缺啥吧？炒杂菜也是如此，一顿晚餐正常烧3个菜，我就偷懒把3个菜并在一起炒了，多省事啊！反正最后都是要吃下去的嘛！

那么平时博文上拍的美美的照片和儿童菜谱书上的菜是怎么回事？这些菜都是我写给新手妈妈们参考的，都是在孩子上幼儿园之后的空余时间拍摄制作的。大多数的菜会自己吃掉，或者分享给邻里朋友们，小部分会留到晚餐给子瑜吃。孩子可以参与制作的饼干蛋糕之类的，我会放在双休日和她共享亲子时光。

接下来详细说说子瑜的一日三餐。

早餐，以营养全面为主，一般都是稀饭、面条、饺子、面包等。做稀饭时我会放各种适合孩子的五谷杂粮来煮；做面条时会加些鸡蛋、蔬菜进去；吃饺子时，饺子馅里至少5种食材以上；吃面包时，是自制的面包和果酱，适当配煎蛋和牛奶。每天都会适当加入各种坚果，比如核桃、开心果、松子等。

午餐，周一到周五都是在幼儿园吃的，不能强求有多完美，每天关注一下菜单，看看今天吃的什么，那么晚餐就不要跟午餐重复了。

晚餐，以容易消化为主，结合早餐和午餐，看看还有哪些食物营养素要补充的。早上吃过鸡蛋了，晚餐就不出现蛋了；午餐幼儿园吃肉了，晚餐就不考虑肉类了。

水果，子瑜每天的水果时间有4次，幼儿园的上午和下午会吃到两次水果，下午放学四点半我会带上水果或者酸奶去接她，晚上七点半左右也会吃点水果。

牛奶，基本都是在晚上睡前喝，平时早餐时、傍晚放学时也都会穿插喝杯牛奶。我觉得对于每天以谷物为主食的中国儿童来说，每天一杯奶可以很好地帮助长身体。子瑜最初喝母乳，后来吃欧洲某品牌奶粉，4周岁后改喝了鲜牛奶。奶源的选择很重要，每周买牛奶成了我最大的难题。有机奶、进口奶是首选。这年头买杯好奶真的不容易！

鸡蛋是孩子身体不可缺的好食物，每天都给子瑜吃一个。买土鸡蛋是件困难的事情，每次回娘家都要请妈妈帮我到村里到处去收鸡蛋，子瑜外婆感慨说：“当子瑜妈不容易，当子瑜妈的妈更不容易。”

育儿方式也很重要。健康的身体离不开适量的运动、快乐的心情和好的睡眠。让孩子在草坪上狂奔，与孩子开怀大笑，为孩子读本甜甜的睡前绘本，是我目前每天在做的事情。

每家的育儿方式各有不同，我家孩子的日常饮食情况就是这样的，不足之处和偏见之处还请理解，我愿意和更多的朋友一起继续不断进取地学习，为我们孩子的健康成长护航！

第1章

我不爱吃蔬菜

蔬菜含人体需要的维生素、矿物质、膳食纤维，维生素A可以保护儿童视力，钙可以促进牙齿骨骼的发育，铁可以预防缺铁性贫血。所以说，对于儿童的生长发育，新鲜蔬菜是必不可少的。

妈妈的小叮咛

1 青菜有泥沙，洗的时候一定要仔细，一片片掰开来洗。
2 青菜汁还可以用来和面，做成包子、馒头、饺子、面条等。

“青菜怎么不见了”

翡翠小薄饼

不爱吃青菜的孩子实在太多了，我家就有一个。可能我自己就有一定的原因，因为我自己讨厌吃青菜，从来都不买青菜进家门。看来好习惯的培养要从父母自身做起。

材料：青菜1棵，鸡蛋1个，清水3大勺（45ml），面粉30g，色拉油适量

1 做青菜汁

将青菜清洗干净，切小块，入搅拌机后加入清水，搅拌成青菜浆。将鸡蛋打入碗中，撒入适量细盐，打成蛋液，将青菜浆倒入蛋液中继续打匀，倒入面粉朝同一方向搅拌均匀。

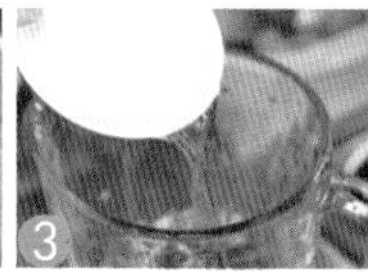

2 摊小面饼

平底锅烧热，倒上一点油，转小火，将青菜面粉糊倒入锅中（可分几次煎小点的饼）。一面煎至结底，表面基本凝结后用铲子翻过来煎另一面。煎至两面略焦黄后即可。吃前可适当淋点色拉酱、千岛酱或者蕃茄酱，风味更独特。

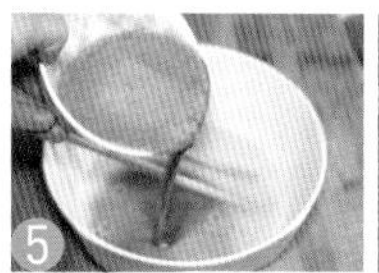

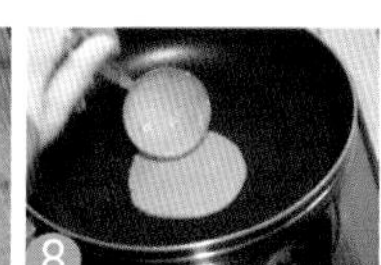

零失败必看

1 煎面饼时一次不要放太多面团，摊得薄而小，面饼的两面比较容易熟。
2 煎的时候油不要放太多，不然会感觉很油腻的。
3 青菜搅拌成汁的时候，需要加点水才搅拌得动，但不用加太多。

零失败必看

1 汁水和面的比例是1：2，经验足了之后，可以一点点加汁和面，觉得差不多了就不用再加了。

2 榨汁时用凉开水，多余出来的汁水可以当饮料喝掉，剩余的胡萝卜渣渣可以用来做各种包子、饺子馅，也可以用来煎面饼、煎蛋饼。

"爱上吃胡萝卜啦"

橙色的面条

很多孩子好像不喜欢吃胡萝卜，不喜欢它的气味。我家孩子很爱吃，因为从6个月大开始，我就将胡萝卜做进她的各种辅食里，久而久之她便养成了爱吃胡萝卜的习惯。

材料：面粉200g，胡萝卜1根，清水适量，盐1g

1 和面

新鲜胡萝卜加凉开水用搅拌机打成浆，过滤出汁。将面粉放入盆中，撒入细盐，冲入100g胡萝卜汁，用筷子搅拌成面絮，然后用手揉成光滑的面团。面团和好后盖上湿布醒上10分钟，然后继续将面团充分揉捏。

1

2

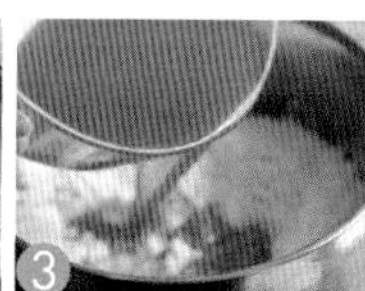
3

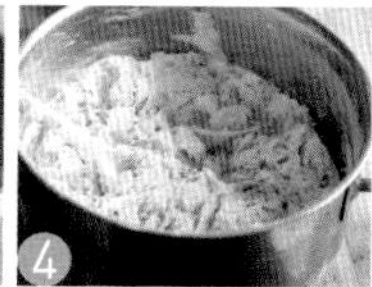
4

5

2 擀面

案板上撒上干面粉，放上面团，按扁，用擀面杖擀成薄片，边擀边在面片上撒上适量干面粉。

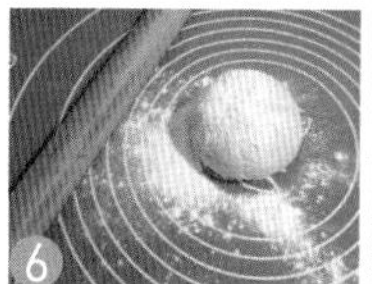
6

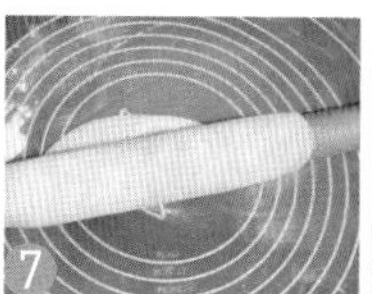
7

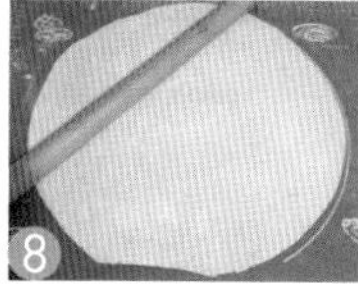
8

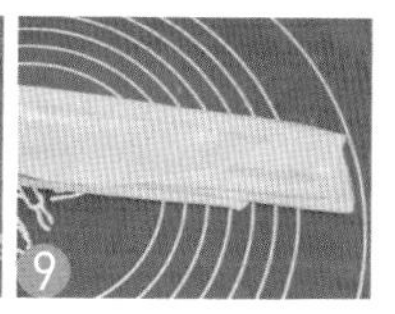
9

3 切面

感觉到足够薄之后，将面片折叠，切丝，切好用手抖开面条即可。烧开一锅水，下入面条，待面条浮上水面后，捞出盛入碗中，淋入适量香油、米醋、生抽，拌匀即可食用。

10

11

12

妈妈的小叮咛

没有黄油可用色拉油代替，口感、气味上会有差别的。没有淡奶油和香草可以不放。

“将青菜进行到底”

绿色奶油浓汤

这里将小朋友们普遍不爱吃的青菜做进了小朋友基本都爱吃的奶油浓汤里，奶油很好地盖住了青菜的气味，并保留了艳丽的绿色，能不让人爱吗？

材料：青菜1棵，蘑菇5～6个，胡萝卜1/4根，洋葱1/4个

1 切一切

将所有材料清洗干净，切小块。

1

2

2 炒一炒

炒锅烧热，融化黄油，然后加入洋葱翻炒出香味，再加入胡萝卜和蘑菇翻炒1分钟左右，最后加入青菜翻炒至瘪掉。加入热水一小碗，加入盐调味道，再次烧开。

3

4

5

3 搅拌一下

将炒好的菜连汤一起倒入搅拌机，搅拌2分钟，打成浓浆。将打好的浆倒入碗中，淋上淡奶油，撒上点干香草末。开吃啦！

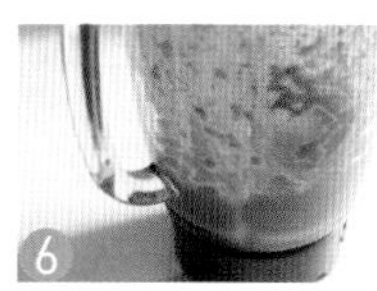
6

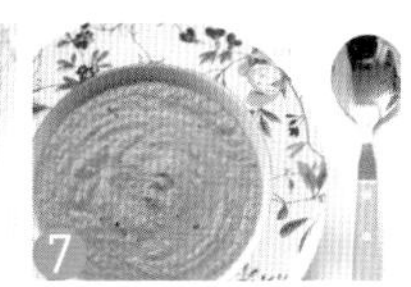
7

零失败必看

1 青菜倒入，加水再次烧开后，要立即关火了，多煮的话青菜会变味的。

2 可将青菜稍微冷却一下再倒入搅拌机。

"我的动物园"

卡通萝卜

萝卜真的是非常不错的润肺食物，但是很多孩子不爱吃。其实，只要淘个可爱的卡通饼干切模，给萝卜附上童话里的各种造型，孩子们就会你争我抢了。

材料：心里美萝卜1个，卡通饼干切模若干，芝麻油适量，儿童酱油适量

1 切模用起来

将萝卜去皮，切成3毫米厚度的薄片。准备好卡通形状的饼干切模，将薄片铺于案板上，用切模切出卡通形状。

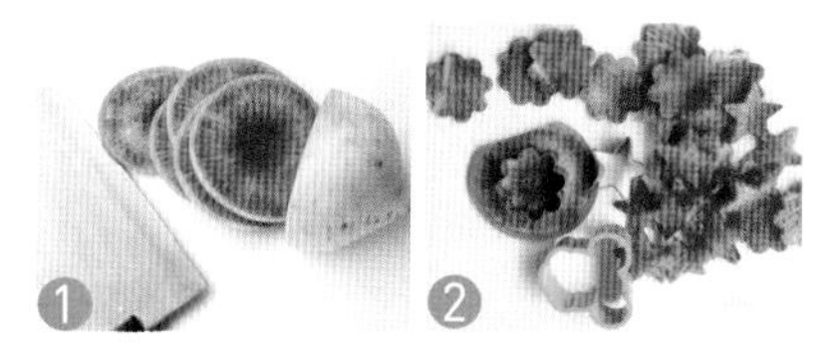

2 煮熟拌点味

烧开一锅水，将切好造型的萝卜片入水焯熟。将萝卜片捞出，沥干水分，装入盘中，淋入适量芝麻油拌匀。可蘸儿童酱油吃，或者是千岛酱、色拉酱、蕃茄酱等。

零失败必看

1 萝卜切片要统一厚度哦，可以保证焯水时一致熟。

2 萝卜含有多种微量元素，小朋友适当吃一点，可以增强机体免疫力哦。

零失败必看

摊鸡蛋皮的要点是，一定得用最小的火摊，不然容易起泡不平整，锅底只要用纸巾抹上一层油即可。煎蛋皮时，当蛋皮周边开始与锅边脱离，即可揭起蛋皮了。

可以卷起来吃的蔬菜

面皮时蔬卷

经常见到有不爱吃蔬菜的孩子，但很少见到有不爱吃鸡蛋的，将不爱吃的食物装进爱吃的食物里，这是个非常不错的吃蔬菜方法哦！

材料：面粉70g，黄瓜半根，胡萝卜半根，鸡蛋1个，色拉油适量

1 和面和擀面

将面粉放在干净的案板上，中间挖个坑，冲入约30g热开水。先用筷子搅拌，再用手揉成光滑的面团，盖上一个碗，将面醒上5分钟。将醒好的面团在案板上反复揉搓2分钟，然后将面团一分为二（每个约50g）。将小面团再次一分为二，搓圆按扁，上下叠加起来，中间刷上一层色拉油，用擀面杖擀成薄片。

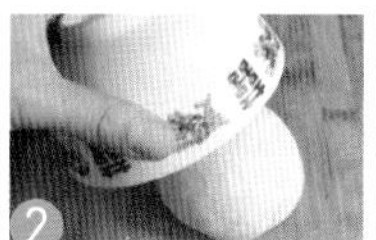
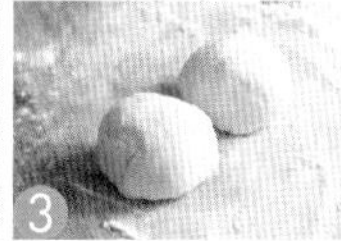

2 摊个蛋皮

将鸡蛋打成蛋液，在平底锅中用最小火摊成蛋皮，然后切成丝，将胡萝卜、黄瓜也切成丝备用。

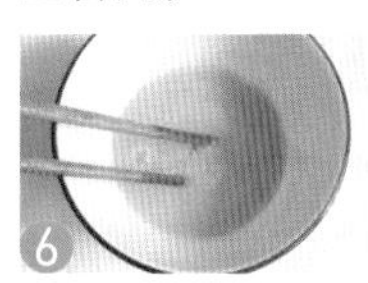
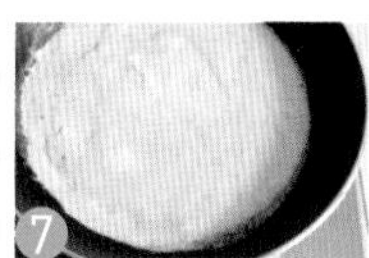
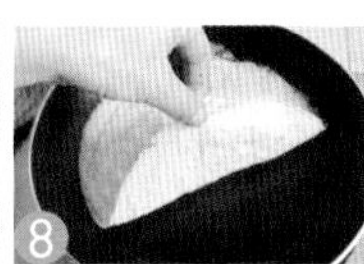
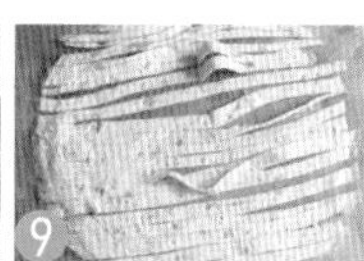

3 烙个面皮

将平底锅烧热，转成小火，淋入一点色拉油，润下锅，摊入擀好的面片，小火烙至面片底部微黄，翻面继续烙1分钟即可。将面片上下两层撕开，即可用来包内馅了。取一片面片，铺在平底盘上，在面片的一端放上黄瓜丝、胡萝卜丝、蛋皮丝，挤上一层蕃茄酱或色拉酱，然后将其卷起来，用牙签插牢固定，即可切成小段了。（小朋友使用牙签时请注意安全）

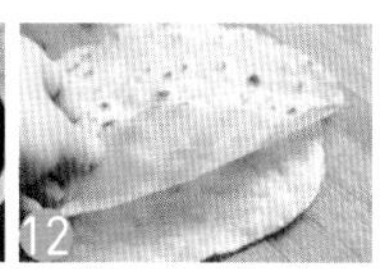
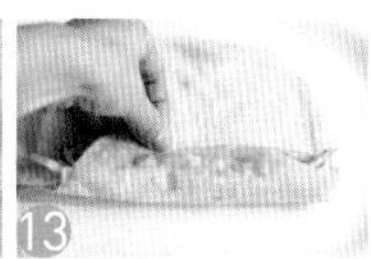
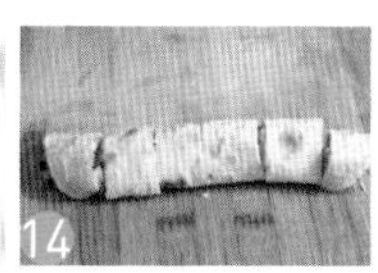

“和肉丸子一样好吃哦”

面拖素菜丸

这道素食的美味，基本秒杀所有儿童蔬菜制作，味道相当好！小丫头在吃的时候还以为在吃劲爆鸡米花呢，完全不知道是蔬菜做的。但要提醒的是，这道丸子属于油炸食品，要适量食用哦。

材料：南瓜130g，葫芦130g，胡萝卜50g，鸡蛋2个，面粉100g，盐适量

1 面糊做起来

将胡萝卜、葫芦和南瓜清洗干净后刨成丝，倒入盆中，打入两个鸡蛋。撒入适量盐（约3g），将菜丝与蛋搅拌均匀。倒入面粉，搅拌均匀至无面粉颗粒。

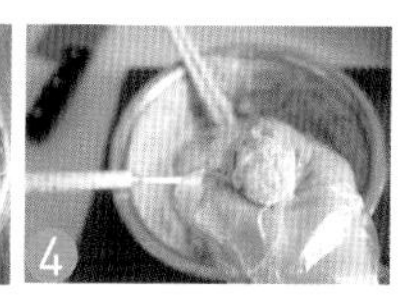

2 丸子炸起来

油锅烧热，油温升至五成热时，用一个大勺子兜上一大勺菜糊入油锅，依次下入多个丸子，保持互不粘连的距离，在外壳没有成形前不要去推动它。保持小火状态炸蔬菜丸子，一直炸到金黄色即可捞出。盘中铺上吸油纸，将炸好的素丸子沥干油放到吸油纸上即可。

零失败必看

1 蔬菜的种类可以再多增加几种。

2 面粉的多少决定面糊的稀稠度，面粉少量的增减问题不大，但不能过稀。

越吃越想吃的

好心情沙拉

很多妈妈也许没想到做沙拉这一招，食材要切的小，用孩子喜欢的口味的沙拉酱来拌。根据我的经验，像千岛酱、日式芝麻酱、甜色拉蛋黄酱、凯萨酱，孩子们都还蛮喜欢的。

材料：玉米半根，豌豆一小把，胡萝卜半根，小个土豆1个，沙拉酱适量

1 处理食材

将所有的食材清洗干净，将豌豆剥粒，将玉米剥粒，将土豆和胡萝卜切小丁，平铺在盘中。入蒸锅蒸8分钟左右至全熟。

2 先蒸后拌哦

将蒸好的蔬菜粒晾凉，拌入一大勺沙拉酱，拌匀即可。

零失败必看

1 蔬菜粒可以自由搭配，还可以再加入点火腿丁什么的，加水果丁也可以。

2 这里用的是香甜味的沙拉酱，也可以换其他的酱，如凯萨酱、千岛酱等。

妈妈的小叮咛

豇豆每根都要仔细检查有没有虫眼哦！只建议吃当季的豇豆！

"给我一个旋转的舞台"

豇豆棒棒糖

对于不爱吃豇豆的人来说，看到豇豆好无奈，做法也少得很。不如我们来给豇豆凹个造型吧，一起来做豇豆棒棒糖，大人小孩齐动手，童年欢乐多！

材料：10根竹签，10根豇豆，色拉油适量，蕃茄酱适量

1 卷一卷

将豇豆和竹签清洗干净。 如图将豇豆卷成圆形，插入一根竹签。

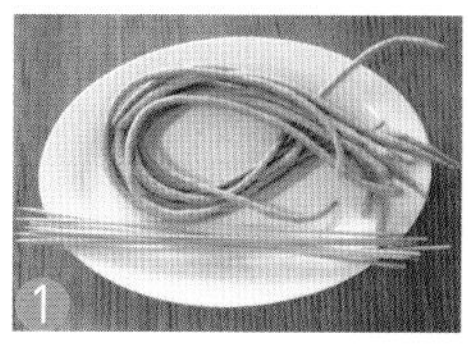
1

2

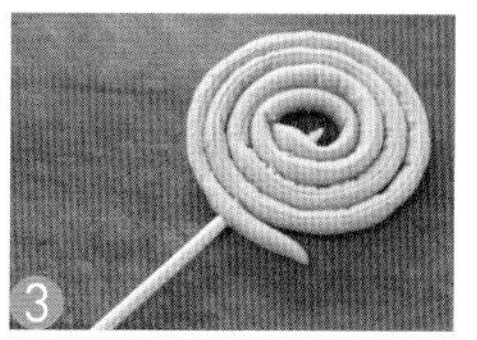
3

2 煮一煮

烧开一锅水，放入豇豆圈，淋入适量色拉油，煮几分钟至全熟。

4

5

3 淋一淋

淋上适量蕃茄酱，或者是撒上适量的椒盐黑胡椒，即可食用，非常美味。（儿童使用竹签时请注意安全）

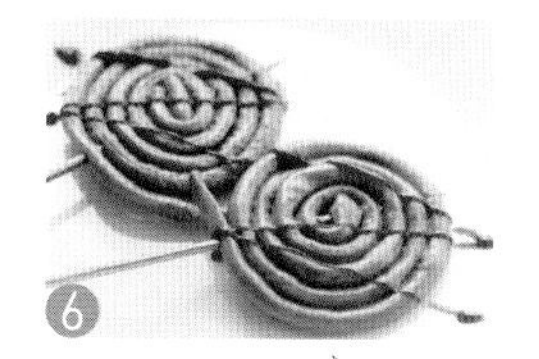
6

妈妈的小叮咛

鸡蛋每人每天适合吃个，所以3个蛋的方子适合个人分享哦！

"香喷喷到流口水的"

蔬菜煎饼子

现在的孩子，这个不吃那个不吃的越来越多了。我发现只要做成蛋饼，基本上什么蔬菜都可以往里面放，孩子们都会爱吃的。

材料：鸡蛋3个，芦笋5根，香菇3个，红椒1/4个，洋葱1/4个

1 洗洗切切

将所有的食材清洗干净，切末。将鸡蛋打成蛋液。

2 下锅啦

平底锅烧热倒油，下入洋葱末炒出香味。下入其他蔬菜丁炒至八成熟，撒入适量细盐炒匀。摇动锅子，使所有食材平铺在锅底。淋入蛋液，铺满蔬菜，轻轻晃动锅子，使蛋液更加均匀地覆盖。

3 焖一焖

盖上锅盖，转小火半分钟，关火，焖上2分钟即全熟了。可以翻面再煎下，也可以直接单面焖至全熟。出锅装盘即可。

零失败必看

1 选择平底不粘锅，新手也能轻松搞定这个煎饼。

2 火不要太大，容易焦底，宁可用小火，慢慢焐熟即可。

妈妈的小叮咛

藕要选择粗细均匀、孔大的那种，买的时候可以请教摊主，“我要做糯米灌藕，选哪种合适？”摊主会推荐给你最合适的。

"甜甜的，我喜欢"

甜甜糯米藕

莲藕有一定的健脾止泻作用，能促进消化，增进食欲，食欲不佳的孩子可以适量吃些藕来调理 。糯米藕为糯米食品，一次吃几片即可，不要吃太多了哦。

材料：糯米80g，藕2节，冰糖60g，红糖50g，清水3000ml，牙签若干，干桂花适量

1 淘米切藕

将糯米浸泡30分钟，藕清洗干净刮去皮，一端切开。

2 塞米乃技术活

将浸泡好的糯米塞入藕孔中，不用塞得太紧，但要用筷子适当捅下，做到没有空洞。用牙签固定藕身和盖。

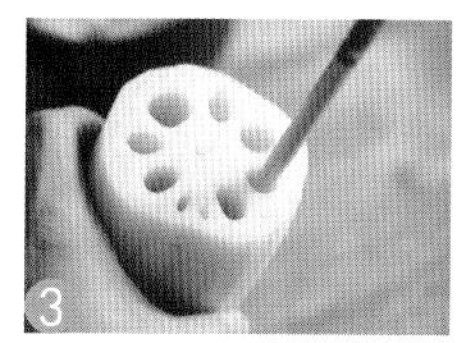

3 上高压锅啦

将藕放入高压锅，加入5～6倍的清水，再加入红糖和冰糖。冰糖要敲碎了放进去。用筷子搅拌到冰糖和红糖都基本融化了。加热至糖完全融化后盖上盖子，大火烧开后转中火压40～50分钟即可。吃前切成片，淋点煮藕的汤汁上去，撒点干桂花装饰。

零失败必看

1 在炒蕃茄的时候，先放盐可以帮助蕃茄更好地出沙。

2 在煮的时候可以适当放点白砂糖来中和酸味。

妈妈的小叮咛

尤其想说的一点，完可以省略将煮好的汤送入拌机打成浆的这一步，但多了这一步，基本可以保每个孩子都爱吃。

“这是我最最爱喝的”

米妮蔬菜汤

有部动画片叫《米奇妙妙屋》，有天高飞生病了，热心的米妮为高飞做了米妮蔬菜汤，高飞喝了后，感冒就好了。我没有按动画片的配方来，按现实情况适当调整了配方中的比例，做出了让孩子激动不已的米妮蔬菜汤。相信我，如果你的孩子不爱吃土豆、蕃茄、洋葱，完全可以单纯地因为喜欢米妮，而喜欢上这道汤的。

材料：土豆1个，洋葱半个，蕃茄3个，胡萝卜3小根，色拉油、盐、葱花适量，开水适量

1 蕃茄去皮

将蕃茄用开水烫一下，剥去皮。将土豆和胡萝卜去皮，将所有的食材切成小丁。

2 把土豆炖烂

炒锅烧热，倒入适量色拉油，下入洋葱煸炒出香味，下入蕃茄炒出沙。加入盐3g。倒入土豆和胡萝卜丁，炒匀，倒入250ml热水。盖上盖子，转小火煮15分钟。

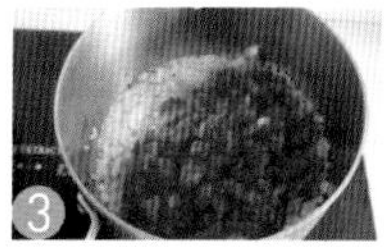

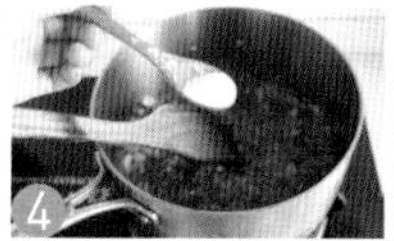

3 还要搅一搅

将煮好的蔬菜汤略微晾凉后倒入搅拌机，搅拌成泥，倒出装碗，撒上一点葱花装饰即可。

小朋友们超喜欢的

奶香豌豆泥

杭州的很多餐厅都有青豆泥，小朋友们很喜欢吃，我也在家试着做了下，成品很好吃，而且觉得春天的时令食物，吃着很健康。

材料：豌豆200g，白砂糖30g，牛奶200ml，黄油30g

1 炒豌豆

将锅烧热，下入黄油融化，下入清洗干净的豌豆，翻炒至变色，这里要注意安全，豌豆遇热油有可能要爆起；冲入牛奶，加入砂糖，撇去浮沫，转小火煮5分钟。

2 搅成泥

将煮好的牛奶豌豆倒入搅拌机，搅拌成豌豆泥。建议小朋友们每次吃一小碗就够了哦，不要过量食用哦。

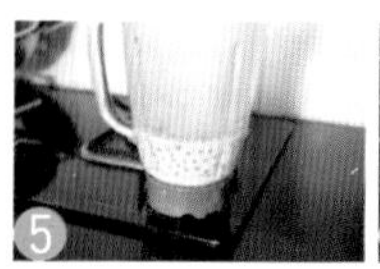

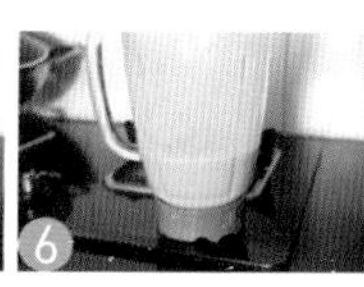

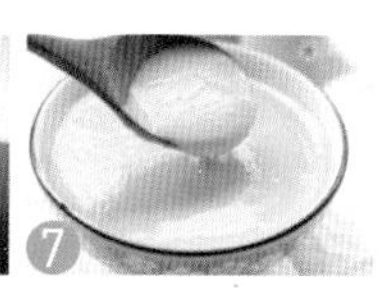

零失败必看

1 牛奶的多少决定豌豆泥的浓稠度，没有牛奶可以用水代替；糖的多少可以按自己的喜好来确定。
2 在炒豌豆的时候要注意安全，小心豌豆爆出锅来。
3 没有黄油可以用色拉油代替，但是豌豆泥的香味会不一样，提前炒一下是为了很好地去豆腥味。

小小美食家

happy 奇宝宝

祝福语：愿幸福与快乐永远陪伴着你！

明踪莉影

祝福语：愿欣欣宝贝聪慧可爱，健康成长！衷心祝福家人开心每一天，幸福到永远！

我家有个大力水手

祝福语：你一直给我惊喜，从发现你存在的那刻起……坐在这里，想象你的未来，愿的却只有你同现在一般灿烂的笑脸与健康伴随！

燕子烘焙无添加更健康

祝福语：幸福的童年，有妈妈满满的爱和亲手制作的美食。这样的味道，妈妈做的味道会深深留在心里，祝女儿永远幸福快乐！

cellinsz

祝福语：清晨醒来，宝宝说："美好的一天开始了！"夜幕降临，宝宝说："美好的一天结束了！"愿宝宝怀揣美好，沐浴风雨，茁壮成长！

如何科学炒蔬菜

① 热锅冷油的炒菜方式对身体好。炒菜时油温超过180度，油脂会发生反应，产生有害物质，所以我们烧菜时油温烧至五至七成热即可倒入蔬菜翻炒，不要等到油冒青烟再炒。

② 在菜快出锅时放盐。盐有一定的脱水性，炒蔬菜时盐放早了容易让蔬菜脱水 ，流失水溶性维生素。

③ 放点醋，更健康。醋可以保存蔬菜里的维生素，促进钙、磷、铁等微量元素融解。

④ 能生吃的蔬菜建议生吃。蔬菜中的很多维生素遇高温容易受损，比如说黄瓜、蕃茄、彩椒、生菜等。

⑤ 炒叶类蔬菜时间不要过长，断生即可食用，过分炖煮有损蔬菜里的维生素。

⑥ 含草酸、植酸等的蔬菜需要焯水后再食用，如笋、菠菜、香椿、芹菜等。

如何去除蔬菜的残留农药

① 水洗加清水浸泡。用清水洗去蔬菜表面污垢，再用清水浸泡10～15分钟，不要切开浸泡，以免蔬菜水溶性营养素流失。如果用果蔬清洗剂的话，浸泡好后，建议再重复洗两遍。

② 淘米水浸泡。淘米水中含生物碱，有机磷杀虫剂在碱性环境下可以得到分解，一般浸泡10～15分钟即可。

③ 食用碱稀释的水浸泡。有机磷杀虫剂在碱性环境下可以得到分解，500毫升清水中加入5g食用碱，将清洗干净的蔬菜浸泡10分钟，然后再反复清洗两次即可。

④ 储存法。易于存放的果蔬，可以放一段时间再吃，残留农药会随时间推移而逐渐分解。比如冬瓜等。

第2章

我不爱吃鸡蛋

蛋白质是生命的物质基础，构成和修补人体组织。儿童若蛋白质摄入不足，会影响身高、体重、智力等方面的发育。鸡蛋富含人体所必须的8种氨基酸，并与人体蛋白质组成相似，吸收率极高，营养学家称它为“完全蛋白质模式”。小朋友们一定要爱吃鸡蛋哦！

妈妈的小叮咛

蛋黄营养丰富，但胆固醇含量也高，建议孩子每天吃1个蛋黄即可。

“鸡蛋做的小小船”

鸡蛋小船

有小朋友不爱吃鸡蛋的吗？很少，但真有！我们一起来学做几道鸡蛋美食吧。因为对小朋友来说，鸡蛋可是再好不过的帮助生长发育的好东西了哦！

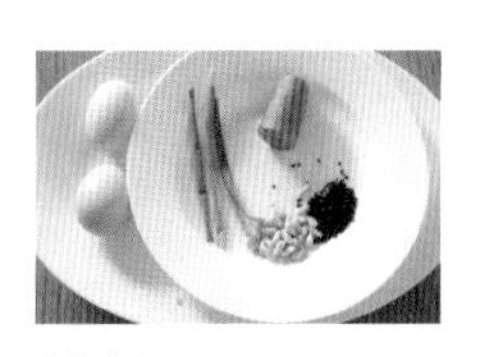

材料： 鸡蛋2个，胡萝卜半根，熟的黑芝麻一小撮，熟松仁一小把，葱1根，儿童酱油适量

1 煮蛋做小船

将鸡蛋在水中煮全熟，捞出浸冷水中，凉后剥去壳，对半切开，挖出蛋黄。

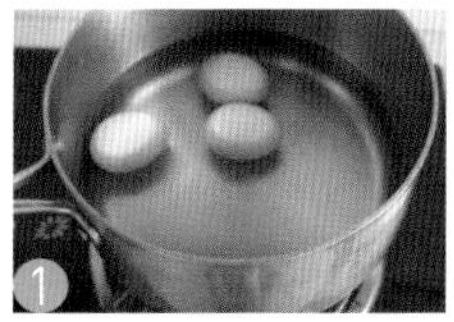

2 给船装满货

将胡萝卜和葱花切成极细小的末。将蛋黄放入一个小碗中，加入胡萝卜末、黑芝麻、松仁和一点点葱花末。用勺子压散蛋黄，将前面这些食材拌匀，装入蛋白中，中间可装饰性插入一片薄荷叶。淋入适量儿童有机酱油，即可开吃啦。

零失败必看

1 鸡蛋必须煮全熟，半熟的蛋黄压不散，不适合切拌。

2 葱花只要放一点点即可，增香装饰用的，太多了小孩子会觉得味道冲。

3 食材可以自由搭配，放些自己喜欢的食材进去。

4 不想放酱油调味的话，可以改成加入适量细盐。

妈妈的小叮咛
小朋友请在成人看护下使用竹签哦。

零失败必看

建议选择不粘平底锅，可以一次成功。

锅底抹上一层油，而不是倒上一堆油，油多了蛋皮会滑动的。

“串起来的小太阳”

芦笋蛋卷棒棒糖

芦笋和鸡蛋都是超有营养的食物，将它们做成可爱的葫芦串，够诱惑吧！只是小小的造型变化，可以让孩子对吃食物的态度，从被动变主动，很值得一试哦！

材料：鸡蛋3个，芦笋3根，竹签10根，细盐、色拉油、椒盐粉适量

1 煮笋打蛋液

将芦笋清洗干净，水中焯熟，晾凉备用。将鸡蛋磕入碗中，撒入适量细盐，打成蛋液。

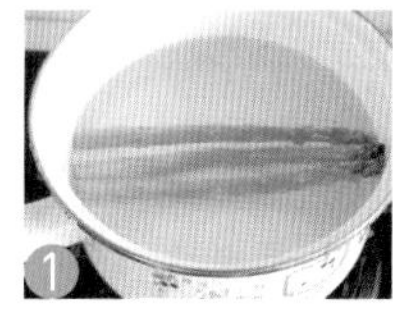

1

2

2 摊蛋皮不难

不粘平底锅烧热，抹上适量色拉油，锅底转成小火。沿中心缓缓倒入蛋液到铺满整个锅底。蛋液凝结成片，蛋皮边缘与锅边成翘开状，揭起蛋皮即可。

3

4

3 卷一卷，串一串

将蛋皮平铺案板上，在一头放入一根芦笋，卷起来，切成每个1cm宽的小段。用竹签插入小段，依次做成糖葫芦状即可，可在表面撒上些椒盐粉吃，也可以蘸儿童有机酱油或者蕃茄酱之类的。

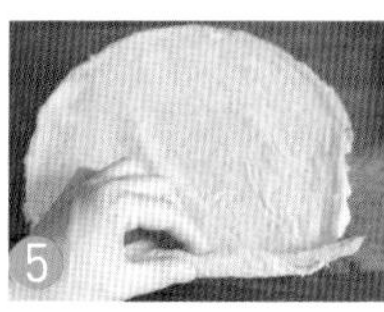

5

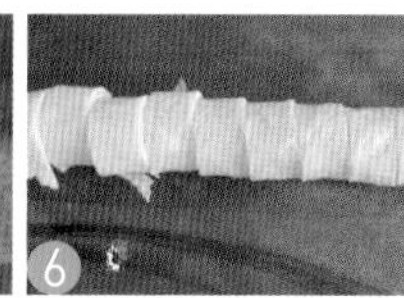

6

7

妈妈的小叮咛

小朋友一次食用鹌鹑蛋不要过多，3～5个即可。

吃了还想吃

五香鹌鹑蛋

我们经常可以吃到用鸡蛋做的茶叶蛋，但很少吃到用鹌鹑蛋做的茶叶蛋。自己卤茶叶蛋的好处有很多，可以吃到最新鲜的，可以选择不同种类的，可以保证绝对的卫生安全。用鹌鹑蛋，数量多而小巧，特别适合小朋友之间的分享。

材料： 鹌鹑蛋50个，立顿红茶包1包，八角4个，香叶4片，桂皮2片，花椒20粒，生抽、老抽适量

1 煮蛋

鹌鹑蛋冷水下锅，开小火煮10分钟捞出晾至不烫手，将鹌鹑蛋用铁勺子敲至壳有裂纹。

1

2

2 做五香料啦

锅中放入香料，加入水至锅的最高水位线。汤料煮开后再加入5大勺生抽（75ml）、1大勺老抽（15ml）和1包红茶包。

3

4

3 再煮蛋

再次煮开后加入敲裂的鹌鹑蛋，盖上盖子小火煮上15分钟关火焖上2个小时，就可以吃了。鹌鹑蛋入味比较快的。

5

6

零失败必看

1 蛋液要多准备点，煎蛋皮的时候火要小，蛋皮五成熟的时候就要快速撒上肉末然后卷起来。这样做会使蛋皮很嫩。

2 牛肉换成猪肉、鸡肉、虾仁等都可以的，还可以适当加点其他的食材。

3 摊蛋皮想要一次成功的话，还是那句话，用不粘涂层的平底锅。

"赶紧一口咬下去！"

牛肉厚蛋烧

鸡蛋里加点牛肉末，吃起来更香，营养也更丰富，值得一试哦！

材料：牛里脊肉100g，鸡蛋3个，黄油10g，白胡椒粉、盐、料酒、洋葱末适量

1 炒肉末、打蛋液

将牛里脊肉切成肉末，加入白胡椒粉、盐、料酒、洋葱末、1/4个蛋清，用手抓匀，腌制10分钟，将锅烧热，将10g黄油融化加热，入牛肉粒翻炒至变色，盛出备用。将蛋打成蛋液。

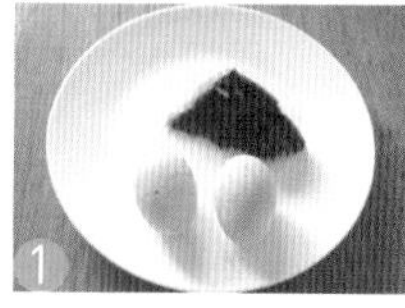
1

2

3

2 摊个蛋皮

平底锅烧热倒少许油，转成小火，倒入蛋液摊成蛋饼状。

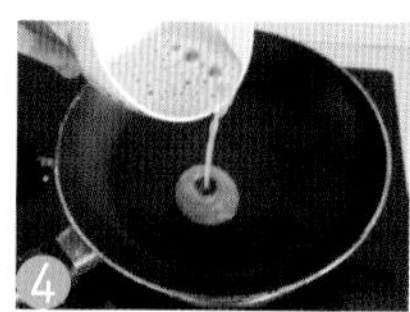
4

5

6

3 把它卷了

蛋液表面未干时撒上炒过的牛肉粒，然后迅速将蛋卷起来。整根卷好后，在收尾时可以再淋点蛋液在根部，使蛋卷更好地粘紧不散开。

7

8

9

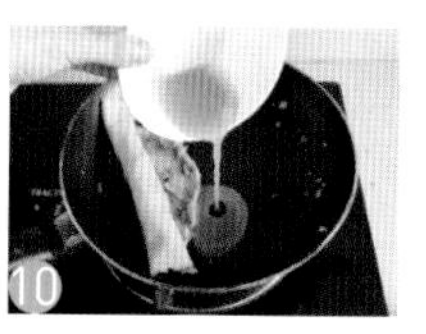
10

4 把它切了

将蛋卷晾至不烫手，放在案板上，切成3cm宽度的蛋卷即可食用啦。

11

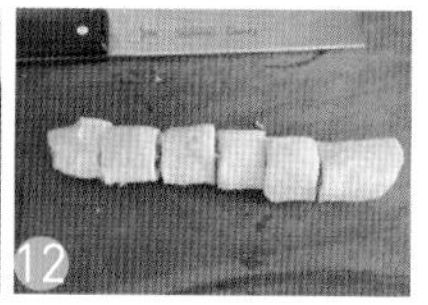
12

妈妈的小叮咛

这里做好的蛋饺是半成品，里面的馅可能是不熟的，要再加工才能食用。过年时，我们南方人喜欢用来烧汤或者涮火锅。

“我要把月亮吃了”

月牙儿蛋饺

小时候过年经常吃到的一道菜，小小月牙儿蛋饺，漂荡在青菜汤中，犹如月亮倒映在水中。

材料：鸡蛋3个，肉末100g

1 打蛋液

将鸡蛋打成蛋液，准备1个普通搪瓷汤勺，1个蛋饺皮子大概需要1勺蛋液。

2 下锅了

如果觉得蛋皮很容易熟的话，先把火关掉，在蛋皮表面还是液体的时候，放上馅。快速用筷子翻起半边盖上馅，用筷子将边按严实，半边成形固定后翻过来，另一面再开火烙个10～20秒就可以出锅了。

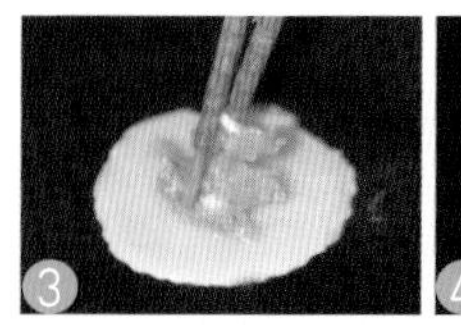

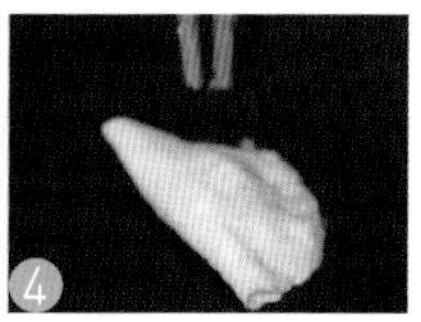

零失败必看

1 圆底锅是辅助成功的法宝之一，实在没有，平底锅也可以，但要十分小心地倒入蛋液，以免摊得不圆。

2 用勺子兜蛋液时，不用太满，其实多点少点就是饺子大点小点的差别。

Hello Kitty

“彩色的水蒸蛋呀”

时蔬蒸蛋羹

水蒸蛋是大部分小孩子喜欢吃的菜，有时候，我们也可以给蛋羹加点料、出点彩。在孩子眼里，那绝对是一道全新的美食！

材料：鸡蛋2个，胡萝卜适量，黑木耳、葱、虾皮适量，盐1g，清水200g

1 蛋液有比例

将鸡蛋打成蛋液，加入1g盐、清水200g，搅打均匀。将胡萝卜、葱和黑木耳切成极细的末倒入蛋液中，搅拌均匀。

2 蒸蛋有方法

入蒸锅，在蛋羹碗上盖上一个平底盘，盖好锅盖，冷水开蒸。大火烧开后转小火蒸10分钟，关火，焖5分钟。开盖后淋上适量芝麻油，即可开吃啦！

零失败必看

1 蛋液和水的比例可以是1：1.5，或者1：2，蒸的时候碗上压个平底盘，这样蒸出来的蛋比较光整。

2 不可全程大火蒸，不然蒸好后鸡蛋里会有气泡。蒸的时间不可过长。

妈妈的小叮咛

面粉略微多点少点问题不大，面粉多点面饼偏干，少点蛋味浓且饼软嫩。

"一下吃掉3个"

葱香鸡蛋小面饼

我蛮推荐在做小面饼时加个蛋进去的，做法简单易上手，饼会变得更香、更好吃、更有营养，孩子们肯定会喜欢的。

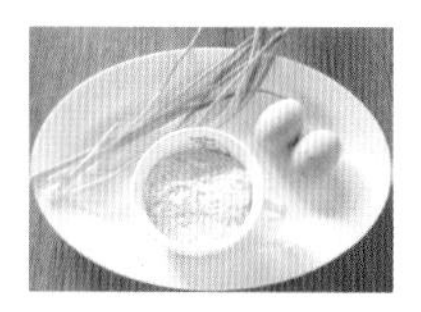

材料：鸡蛋2个，葱适量，面粉30g，盐1g，色拉油适量

1 搅面糊

将鸡蛋打成蛋液，加入细盐和面粉搅拌均匀。将葱切成末，加入蛋液中搅拌均匀。

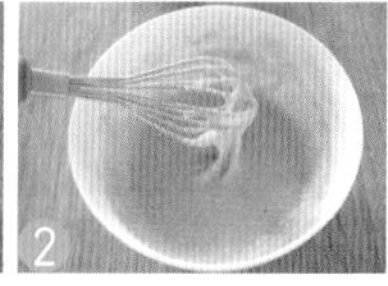

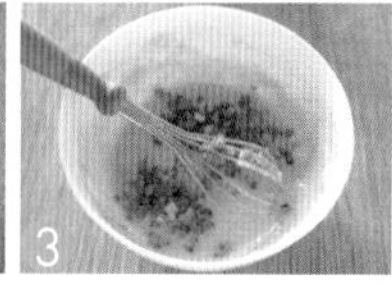

2 摊面饼

不粘平底锅烧热，淋入一点色拉油，用普通搪瓷勺兜入1勺蛋液。小火烙小蛋面饼，感觉表面基本凝结时，翻过来烙另一面。两面烙至略微发黄，即可出锅装盘啦。

零失败必看

烙饼的时候用中心最小火，记得适当转动平底锅，使其受热均匀，这样烙出来的鸡蛋饼不会破裂。

妈妈的小叮咛

面粉稍微多点少点都是可以的，不要太稀即可。

零失败必看

1 白砂糖可以按自己的喜好多点或者少点，要考虑到红枣也略甜的。

2 现在是夏天，发酵刚刚好。我做这道发糕时室温大约在38℃，大概45分钟就发好了。

3 要一次蒸到位，蒸的时间不够的话容易夹生发黏，蒸好的发糕中间是略突起的，如果是凹的话，那是发酵过头了，可能会略酸，但也能吃的，下次要注意！

"做起来比蛋糕简单多了"

鸡蛋黄金发糕

发糕是道不错的主食，从做法上说，比做蛋糕简单多了，选料上也更亲民，若能再加个蛋，不但颜色会更出挑，营养也更上了一层楼。

材料：面粉150g，鸡蛋2个，清水70g，酵母1.5g，白砂糖30g，红枣10粒

1 做面糊

将鸡蛋打入盆中，直接加入清水、酵母、白砂糖，用蛋抽搅拌3分钟左右。加入面粉，搅拌均匀，加入1/3的红枣肉拌匀。

1

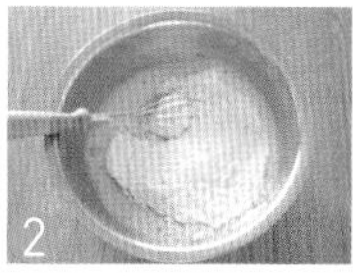
2

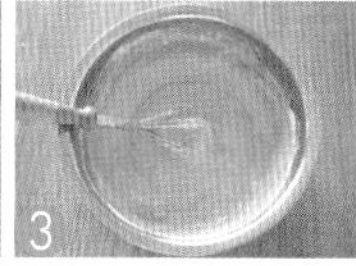
3

4

2 发酵有方

将面糊倒入耐高温的碗中（碗底铺一层油纸，不铺的话刷层色拉油也可以），放在30多度的温度中发酵50分钟。到原有高度两倍时，发酵就完成了。

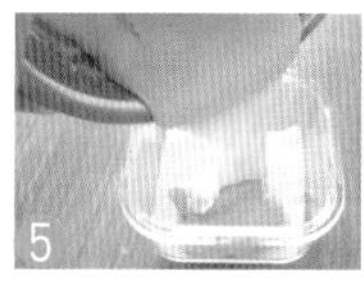
5

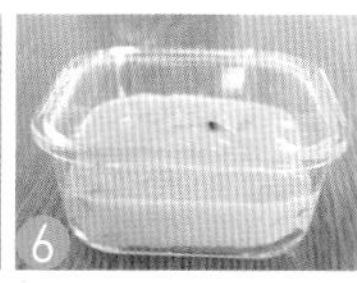
6

7

3 蒸的技巧

面糊上撒上剩下的2/3的红枣肉，入蒸锅，中大火蒸40分钟，中途不要开盖子。蒸好后焖个5分钟就可以出锅了。

8

9

10

零失败必看

1. 炸鹌鹑蛋的时候，温度要高，这样才会有虎皮纹，后期才入味，鹌鹑蛋入油锅前要擦干水分哦。
2. 加水的时候必须加热水，这样出来的肉质口感好、不腥气。
3. 喜欢甜口味的，可在收汤汁的时候撒点白砂糖。

妈妈的小叮咛

煮好的鹌鹑蛋用冷水

一浸，剥起来就会很方便。

"吃起来像肉的蛋"

虎皮蛋焖红烧肉

鹌鹑蛋也可以和红烧肉在一起哦，非常的美味！如果你眼睛够迷糊的话，嘿嘿！是绝对分辨不出哪个是肉哪个是蛋的！

材料： 五花肉500g，鹌鹑蛋20个，色拉油200g，酱油50ml，热开水800ml，葱、姜适量

1 煮蛋与炸蛋

将鹌鹑蛋洗干净入清水锅中煮10分钟，捞出在凉水中浸3分钟，然后将壳剥去。准备好油锅，倒入200g色拉油，油温七成热时，将蛋擦干水分，沿锅边滑入油中，将蛋炸至金黄色时捞出备用。

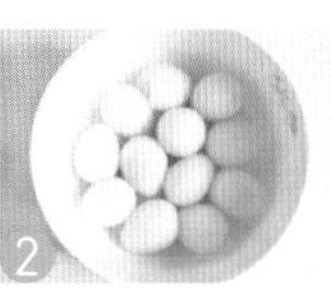

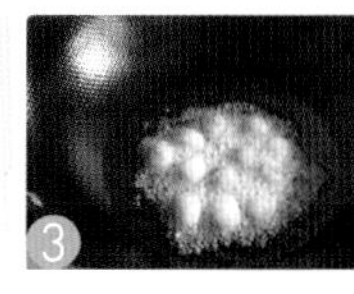

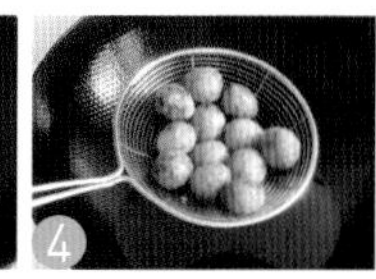

2 把肉给煮了

将五花肉清洗干净切成小块。将炒锅烧热，倒一点油润锅，煸香葱姜，倒入五花肉翻炒至变色。加入料酒，翻炒几下，再倒入50ml酱油，翻炒几下，冲入800ml热开水。

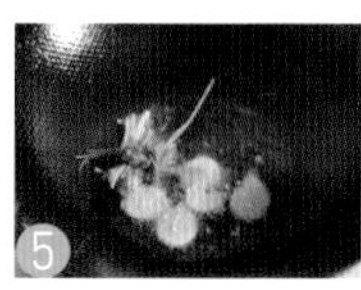

3 加入“炸蛋”

煮开后盖上盖子，转小火炖40分钟，加入炸好的鹌鹑蛋再煮15分钟左右，开大火收干汤汁，出锅装盘即可。

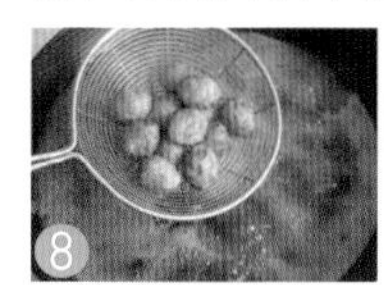

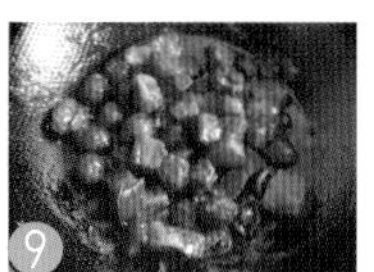

找找鸡蛋在哪里

鸡蛋手擀面

小孩子一般都爱吃面条，可能是因为面条口感柔软，易消化，吃起来还有点淡淡的甘甜呢！看得到的美丽金黄，吃不出的鸡蛋味道，绝对是个好方法！

材料：鸡蛋1个，面粉120g，细盐0.3g，清水20g

1 和面

将面粉装入碗中，磕入鸡蛋，淋入清水，撒上一点点细盐，用筷子搅成面絮。再揉成光滑的面团，扣上1个碗或者盖上湿布醒上25分钟，再次将面团反复揉搓成光滑的面团。

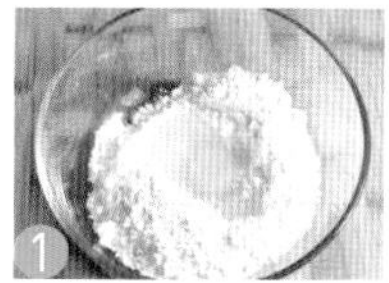

2 擀面

案板上撒上干面粉，将面团擀开，将厚面片擀成薄面片，折叠起来，切成均匀的条，撒上点干面粉，用手抖开即可。

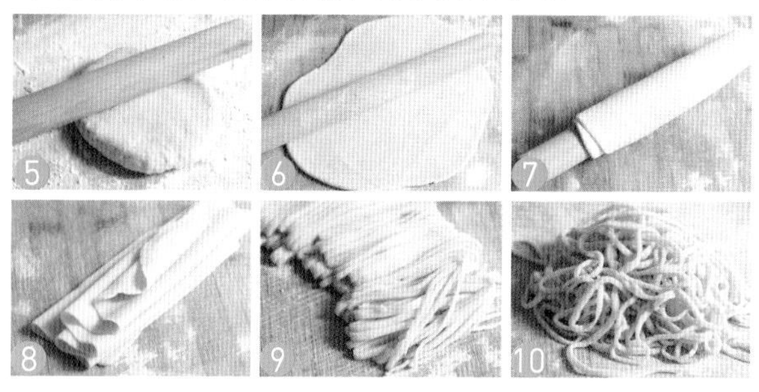

鸡蛋面条口感偏硬，所以在和面时加入适量的清水可以很好地缓解偏硬的口感。

@ 朵儿

祝福语：亲爱的朵儿，希望你平安健康成长，认认真真地过好每一天！爸爸妈妈永远爱你！

@ 小溪 de 歌

祝福词：感谢小溪公主来到爸爸妈妈的人生里，就让爸爸妈妈陪你一起快乐、尽情地成长吧！

@happy 优妈

祝福语：家人吃得好，健健康康，是我最大的快乐！所有的付出，哪怕再辛苦，都是值得的！因为我爱你们！

@ 珩 –HengMeng

祝福语：那就大口大口吃饭，快快长大！

@ 我有小奶油

祝福语：Mia，你这个可爱的小家伙是上天赐给我们的精灵，愿一切美好的东西都属于你，一生平安喜乐。

如何挑选鸡蛋

1 眼观法：好的鸡蛋外观圆整不坑洼，蛋壳干净，色泽鲜明，无霉斑，无油样浸出。

2 耳听法：新鲜的鸡蛋放到耳朵边摇晃，听起来没有声音，如果听见声音，说明鸡蛋不怎么好。

如何煎荷包蛋

1 取1个平底锅，建议选择不粘的平底锅，开小火热锅，倒上一点点油在中心，在靠近锅中心很低的位置磕入1个鸡蛋，小火煎至蛋白凝固，翻面煎另一面。如果想要单面煎全熟的那种，可以适当加入一小勺水，盖上盖子，小火焖煎一会就会全熟啦。

2 非不粘锅煎荷包蛋，将锅烧热，用油润一下锅，开小火，锅中重新加入凉的油，磕入鸡蛋，小火慢煎即可，荷包蛋要煎得完整好看不起泡，切忌用大火，切忌未凝固前去翻动它。

第3章

我不爱吃米饭

生长发育中的儿童，每天需要大量的能量，我们中国人的居民膳食结构中，能量的主要来源是谷物。所以，小朋友爱不爱吃米饭，直接影响身高体重哦！

妈妈的小叮咛
“各种造型模具”可以在网上挑选购买。

"像花儿一样呢"

花朵米饭饭团

我经常拿一些平时做烘焙的饼干模具做饭团，小朋友们都爱得不得了！所以，如果家有不爱吃米饭的孩子，妈妈不如淘几个饼干切模吧。

材料：茄子、胡萝卜、四季豆、葱花适量，米饭适量，核桃碎、细盐、黑胡椒、橄榄油适量，饭团模具若干

1 炒熟炒香了

将茄子、胡萝卜、四季豆切成末，锅中放少量的油，将菜炒全熟，撒入适量葱花拌匀至出香味，然后出锅。

2 拌的有味道

将米饭倒入大碗中，倒入炒好的料，再加入核桃碎，加入适量细盐、黑胡椒、橄榄油拌均匀。

3 装进花朵里

准备饭团模具，清洗干净，在模具边缘涂上一层橄榄油。将米饭填入，按压结实，脱模即可。

零失败必看

1 米饭要用现烧的，适当晾凉后使用即可，柔软黏性好。
2 食材还可以按自己的喜好变换，适当加点肉类。

"我怎么找不到鸡蛋"

金包银蛋炒饭

蛋炒饭好吃，但是遇到不爱吃蛋的人，也许会把蛋一颗颗挑出来，这可不行！这个时候，我们得上绝招，不藏个找不到不罢休！

材料：米饭1碗，鸡蛋1个，胡萝卜半根，肉末50g，毛毛菜叶子几片

1 鸡蛋打进米饭里

将毛毛菜叶子和胡萝卜清洗干净切成末备用。将鸡蛋磕入米饭中，搅拌均匀备用。炒锅烧热倒油，将肉末和胡萝卜在锅中炒1分钟左右，然后盛起。

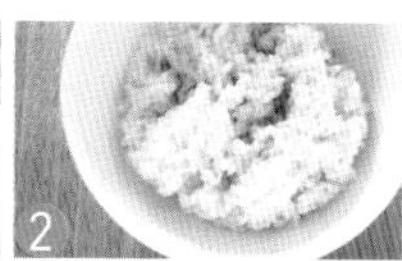

2 菜末米饭炒起来

炒锅烧热倒油，将裹了蛋液的米饭倒入炒散，用筷子快速拨动。米饭完全炒散后加入之前炒过的肉末胡萝卜和切成末的菜叶。撒入适量细盐和葱末翻炒均匀，出锅即可。

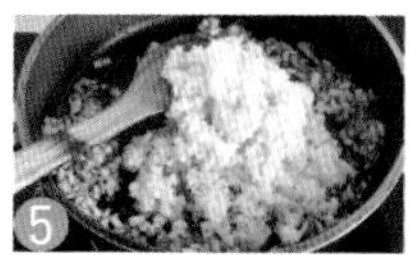

零失败必看

1 不要用隔夜饭，不营养且偏硬，不适合小孩子吃。

2 在炒米饭时我选择了少量的色拉油而不是猪油；少量的色拉油炒出来的米饭，不会太油且比猪油健康。

零失败必看

蒸比煮的含水量要少，一般煮饭，米和水的比是1∶1左右，蒸的话1∶0.7左右即可，水少点，蒸出来比较劲道。

“吃了乌米饭，蚊子真的不咬我了吗”

神奇的乌米饭

我不是杭州人，但却成了新杭州人。在杭州生活十几年了，近几年才发现，每到立夏，人们都会吃一种黑的发蓝的米饭，叫乌米饭。当地有个吉祥的说法，吃了乌米饭，蚊子不来咬。所以，每年的立夏，我也会给我的孩子做顿有趣的乌米饭吃。

材料：乌饭树叶250g，糯米1000g，夏威夷果、核桃、松子仁各20g，红枣肉、白砂糖适量

1 做乌饭汁

将乌饭树叶摘去杆子和老叶，清洗干净，倒入搅拌机，加入500ml清水，高速搅拌几分钟，过滤出汁水备用。

1

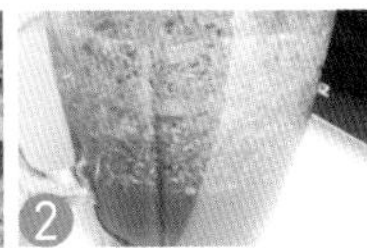
2

3

2 米饭成功变黑啦

将汁水冲入糯米中，2杯糯米放1.5杯的汁，搅拌均匀，浸泡3个小时。将浸泡的糯米连碗带汁一起入蒸锅大火蒸30分钟，再焖5分钟即可开锅了。

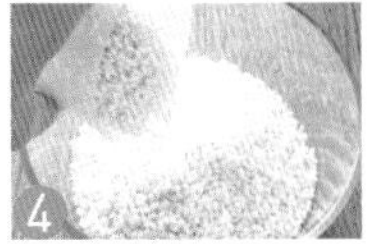
4

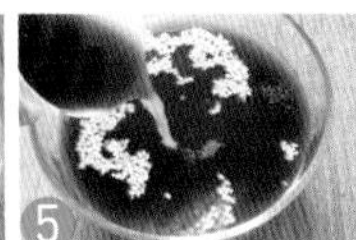
5

6

7

3 加料即造型

蒸好后，将米饭取出，用筷子趁热捣散，待米饭基本晾凉后，倒入切碎的坚果和红枣碎，撒入适量的白砂糖。拌匀后，戴上一次性手套，取适量混合米饭放入手心，捏成饭团，准备送人的话可以用保鲜膜包起来，方便携带。

8

9

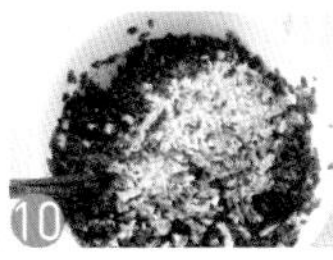
10

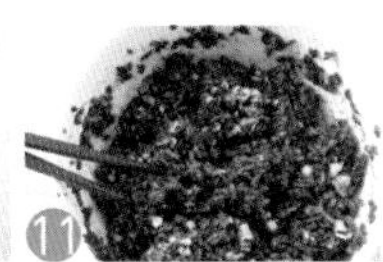
11

12

"祝您吉祥如意哦"

香甜珍宝饭

珍宝饭又叫八宝饭，顾名思义，是用八种食材做成的一道蒸米饭。食材的具体选择上，每个人做的都有点差异的，总的来说这是一道有吉祥寓意的喜庆美食。

以下是做两碗八宝饭的量（250g一碗 ）

材料：黑糯米150g，白糯米200g，红豆沙馅150g，蜜枣10颗，莲子20粒，腰果10粒，葡萄干50颗，小红枣20颗，猪油20g ，白砂糖10g

1 米饭蒸起来

将小红枣、莲子、腰果提前1天泡上，泡发好。将黑糯米、白糯米洗干净，加水超出米面1.5cm高左右，喜欢干的可少加点水，入电饭煲煮成米饭备用。趁热将白砂糖和猪油拌入米饭，搅拌均匀。

1

2

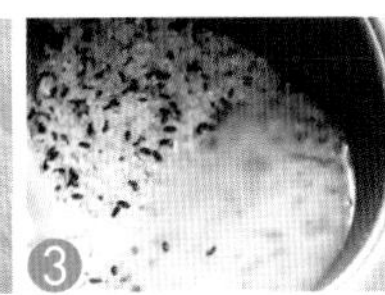
3

4

2 造型凹起来

取一个圆底碗，将蜜枣、莲子、腰果、葡萄干、小红枣整齐地铺在碗底，然后戴上一次性手套，抓一大把饭按压在上面，同时按压到碗壁四周，如图4。取豆沙馅按入中间的凹陷处，再取适量的米饭盖住豆沙馅，用力按压平整。

5

6

7

8

3 再蒸一次吧

将做好的八宝饭入蒸锅，用中小火蒸50分钟即可。可以一次多做几个，做好之后趁热倒扣在平底碗中，凉了不容易脱碗。保鲜膜包起来冷保存，吃时蒸下加热就可以了。

9

10

妈妈的小叮咛
1 蒸饺比较干，给孩子吃的时候记得要配汤。
2 冷冻过的饺子在煮或者蒸的时候都要记得用小火烧。

“拉风的饺子兄”

米饭饺子

我们经常可以吃到米饭烧卖，但很少吃到米饭饺子吧？我家小丫头有天灵感突发，想要做米饭饺子，于是我和她一同实践起来，结果很让人惊喜！

材料

面皮：面粉200g，热水80g，盐0.5g

内馅：黑米、大米、小米各50g， 胡萝卜50g，青椒30g，鸡蛋1个，芝麻油30g，盐2g

1 米饭馅

黑米、小米、大米混合在一起煮一锅饭，盛出晾凉备用。打1个鸡蛋，在锅中炒散，不停地用筷子搅散，鸡蛋自然就煎成碎块状了。将胡萝卜和青椒切成细末备用。米饭中加入炒好的鸡蛋、胡萝卜和青椒末，加入盐和芝麻油，用筷子反复搅拌均匀。

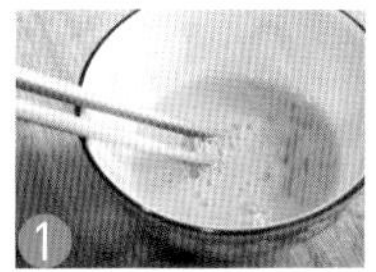

2 饺子皮

将盐、热水加入面粉中，用筷子搅成面絮，用手揉成三光的面团。将面团放在碗中，盖上1块干净的湿布，醒上20分钟。在案板上撒上干面粉，将面团取出，放案板上揉搓成条，用刀切成每个8～10g左右的小剂子，将小剂子按扁，用擀面杖擀成饺子皮备用。

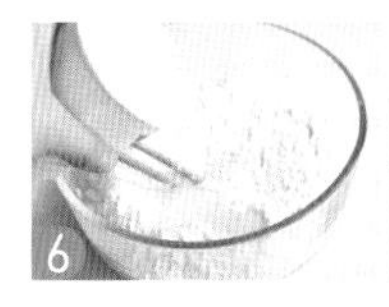

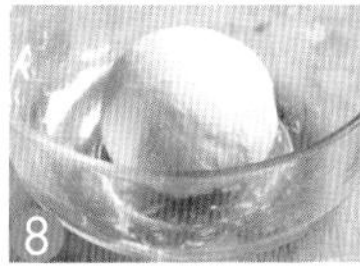

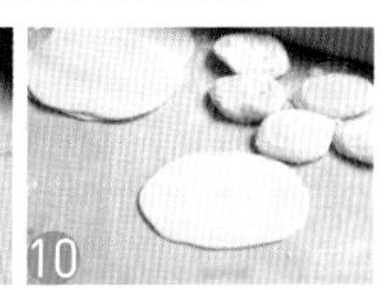

3 包饺子

将米饭包入饺子皮中，用手将它捏成饺子形状，原则只有一个，就是包的不漏馅即可。将所有的饺子包好，入蒸锅，冷水开始蒸，水开后蒸8分钟，焖3分钟，就可以开吃啦！

我卷我卷我卷卷卷

黄瓜黑米卷

其实就是黑米、肉松、黄瓜这三样普通食材的组合，这三样食材营养都很好，给它们一点小小的改变，便会为你带来大大的惊喜。

材料：黄瓜1根，黑米饭1碗，肉松10g，黑芝麻20g

1 黄瓜片是这样出来的

将黄瓜用刨片器刨成长条片状。煮熟一锅黑米饭，盛出晾凉备用。将黄瓜片卷起来，中心留一定空间。

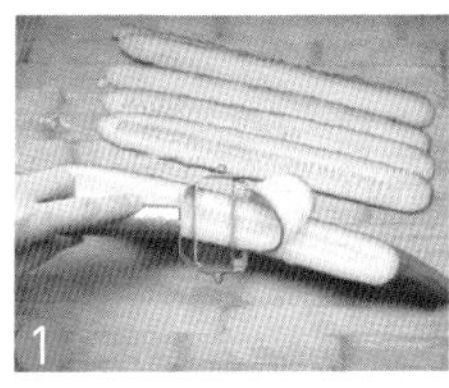

2 把好吃的都装进去

用牙签将黄瓜圈固定，中间填上适量黑米饭，撒上适量的黑芝麻和肉松，装盘时把牙签抽掉，每个黄瓜卷互相贴牢放，这样不容易散开的。

零失败必看

黑米饭可以用营养和种类丰富的八宝饭代替，食材也可以再多添加一点。同样的方法，还可以做橙色的胡萝卜卷哦！

妈妈的小叮咛

带造型的美食不要经常给孩子们做，容易宠坏孩子，不过难得的一次，对孩子来说会是一种很不错的期盼。

女孩子的最爱

Kitty米饭

我难得也会做次凹造型的米饭，讨讨小姑娘的欢心。今年她生日那天，给她做了顿kitty米饭，那激动的小样哦！老妈子立马变女神！

材料：米饭一小碗，海苔1片，熟芝麻10g，M&S豆、西兰花、小蕃茄适量，紫菜、盐、熟蔬菜适量，蕃茄酱适量

1 准备工作有点多

将西兰花水中焯熟，加入适量油，捞出沥干水分备用。将小蕃茄一切为二，如果可以的话，切成小花的形状。找一个Kitty的图案或者娃娃，用海苔剪出Kitty的胡子、眼睛等。

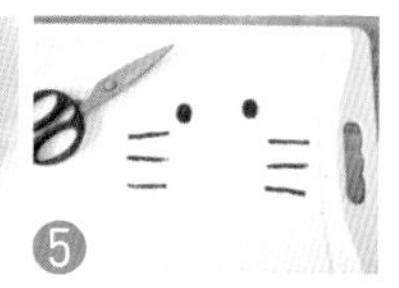

2 一步步做kitty

戴上一次性手套，将米饭捏成一个圆形，按扁在平底大盘中。再捏上两个耳朵。如图装饰上蔬菜、紫菜和M&S豆（用M&S豆做眼睛）。

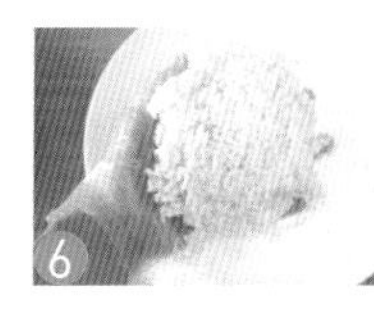

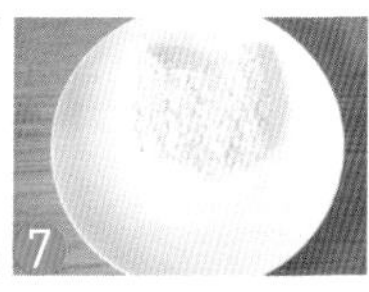

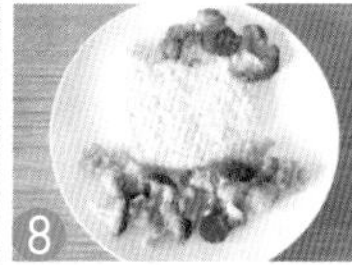

3 画龙点睛之笔

在蔬菜上撒上一层细盐、熟芝麻。挤点蕃茄酱在上面，随意装饰点缀下。

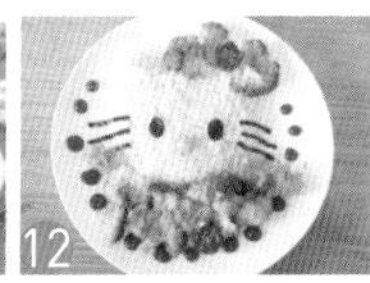

零失败必看

1 大家可以就地取材、随意发挥，不一定要选择我这里提供的食材和造型。

2 Kitty的嘴巴可以直接用海苔，比较简单。

妈妈的小叮咛

米饭中添加的食物还可以更广泛，一般我选择熟的芝麻、核桃等。

充满正能量的

米饭方糕

想到我自己小时候，哪会像现在的孩子这么挑食。有时候饭上撒点白糖，就是一顿让人垂涎欲滴的晚餐了。现在倒是有不少挑食的孩子，搁我家我就不勉强他吃东西，等他觉得饿了，自己就乖乖地吃饭了。

材料：米饭1碗，砂糖20g，黑、白芝麻适量，山核桃、红枣、葡萄干适量，方形模具1个

1 煮点米饭做方糕

将米饭平铺在铺了保鲜膜的案板上，按压成方块，可借助方形模具。撒上一层砂糖、核桃仁、黑白芝麻、红枣肉、葡萄干。再按压上一层米饭，撒上一层黑、白芝麻和一层砂糖，用刀切成小方块，方便食用即可。

零失败必看

1 米饭要选择柔软的，不要选颗粒特别干的，不然米饭粒容易撒落，口感偏干硬。

2 如果有辅助模具帮助就更简单，如方形的蛋糕模具、方形的钢化玻璃碗等，用时记得边缘涂上一层食用油。

1 挖出来多余的菠萝肉可以榨汁当炒饭的配饮喝，也可以当零食水果吃掉。

2 鸡蛋倒入锅中炒时，油要热，火要旺，筷子迅速在锅里滑散蛋液，这样就可以炒出碎碎的蛋絮粒了。

鱼肉快到菠萝里来

三文鱼菠萝炒饭

三文鱼是深海鱼类，富含DHA、微量元素、不饱和脂肪酸，很适合给孩子吃点，可以帮助孩子很好地长身体。

材料：菠萝1个，三文鱼50g，米饭一小碗，洋葱半个，鸡蛋1个，毛豆、蟹味菇、绿色蔬菜适量，黑、白胡椒粉适量

1 这样处理菠萝

将所有的食材处理干净切成粒状。将三文鱼切成小丁，淋入少量料酒抓匀去腥气。将菠萝洗干净，擦干，用刀在与桌面平行、菠萝的1/4高度处切下。挖去菠萝内部的肉，留1cm左右厚度的菠萝碗壁。挖出来的菠萝肉留1/2切成小丁准备入炒饭。

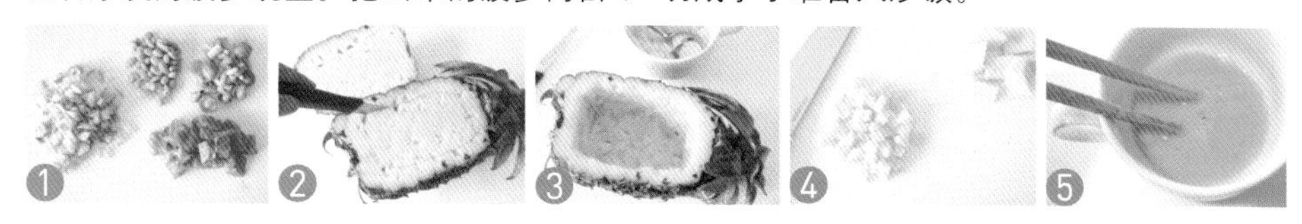

2 统统给炒了

炒锅烧热，倒适量油，将鸡蛋打成蛋液炒成碎丁，然后将蛋碎盛起。锅中重新倒点油，下洋葱翻炒出香味，倒入绿色蔬菜部分翻炒1分钟左右。下入三文鱼丁翻炒30秒，下入米饭翻炒均匀，下入蛋碎翻炒均匀。撒入适量细盐、黑胡椒碎、白胡椒粉翻炒均匀出锅装菠萝碗里即可啦。

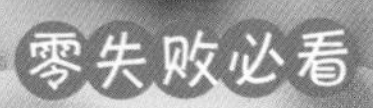

零失败必看

1 做包饭，蛋皮要摊得大点，相反的，炒饭不用准备太多。
2 对于厨房新手来说，推荐使用不粘平底锅，可以一次成功。
3 食材可以按自己的喜好自由搭配哦。

腹中有乾坤

月亮蛋包饭

蛋包饭做成月亮的造型是因为这个做法是蛋包饭里最简单的。越简单的做法，新手妈妈们敢去尝试的几率就越大，希望这款米饭是零失败的选择。

材料：青椒、红椒、豆腐干、洋葱、虾仁适量，米饭一小碗，细盐、黑胡椒、色拉油适量

1 先把饭炒好

将所有的食材切成小末，将虾仁用开水冲泡至变色。炒锅中下入洋葱炒出香味，再下入青椒、红椒、豆腐干炒熟，再加入米饭翻炒均匀。下入虾仁翻炒均匀，撒入适量细盐、黑胡椒翻炒均匀，关火。

1

2

3

4

5

2 成功摊出蛋皮

6

7

平底锅烧热，转小火，抹上一层色拉油，倒入蛋液后平铺均匀，待表面凝结后用手揭起，然后再放入。

3 加入炒饭有方法

将炒好的饭取适量放在蛋皮上，周围留1cm。在蛋皮的右侧淋上适量蛋液，将蛋皮左侧翻起盖在右侧上，按压紧实，出锅装盘即可。

8

9

10

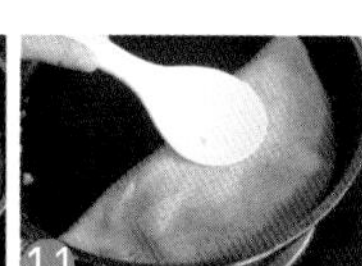
11

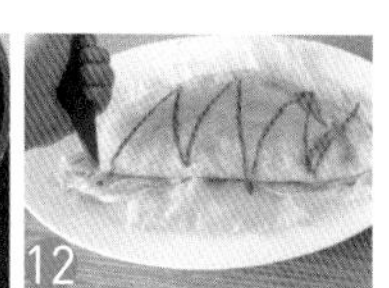
12

零失败必看

1 芝士必须选择马苏里拉芝士，这种芝士是可以拉丝的。

2 米饭建议不要太干，尽量不要食用隔夜米饭哦。

3 比萨里面的菜可以按自己的喜好换着搭配。

当洋气比萨遇到中国妈妈

米饭比萨

我平时爱做比萨，手头都有各种原材料，当我在策划这篇不爱吃米饭主题的时候，想到了把米饭做成比萨应该很有意思，做法上只是把复杂面饼底换成了简单的米饭底，其他都不变。惊喜无处不在。

材料：米饭一小碗，蕃茄酱、马苏里拉奶酪、烟熏火腿肠、蟹味菇、生菜、黄油适量，细盐、黑胡椒粉适量

1 先把饭炒好

将生菜反复清洗干净，将根部切末，绿叶部分留出备用。将蟹味菇、烟熏火腿肠切小丁，马苏里拉奶酪切碎备用。8寸比萨盘底抹上一层黄油（色拉油也可以）。

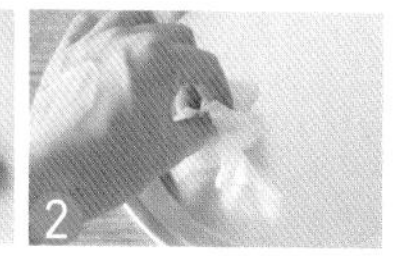

2 盘里铺满料

将米饭倒入盘中，按平整，刷上一层蕃茄酱，撒上适量细盐和黑胡椒粉。撒上蟹味菇丁、火腿肠丁和生菜碎，再撒上马苏里拉奶酪碎。

3 烤箱10分钟

烤箱180度预热，将比萨盘放入中层，上下火齐烤，180度烤10分钟左右。看到芝士完全融化，表面略黄，取出烤盘，撒上适量黑胡椒碎和剩下的生菜绿叶部分，即可开吃啦！

小小美食家

@Amy 和粑粑麻麻

祝福语：你的出生是上天恩赐的礼物，因为有你，让爸爸妈妈生活变得更充实。你是个天使，你的笑容是最美的，爸爸妈妈永远爱你！

@ 小巫芝芝

祝福语：宝贝，有你的每一天都是晴天，谢谢你带给我们的快乐，希望你永远健康幸福平安！我们爱你！

@ 子瑜妈妈

祝福语：宝贝艾米，喜欢你的笑，喜欢你的坏，喜欢你的哭，喜欢你的闹，想要和你永远在一起，一起长大，一起学习，一起面对困难，一起努力前行。爸爸妈妈永远爱你！

@ 柳 Lucy

祝福语：2013 我们把“女 + 子”字拼起来 = 好，希望健康和快乐常驻我家！我们是幸福的四口之家！

@安琪妈咪

祝福语：希望宝贝，健康快乐成长，平平安安每一天！

如何选大米

❶ 看一看米的外观与色泽：米粒大小要均匀、丰满而有光泽，少有碎米和黄粒的米。抓一把大米于手心，再放开，看看手心是否粘有糠粉，合格的大米粘在手心的糠粉很少。

❷ 闻一闻气味：抓起一把大米，拿到近处闻一闻，新鲜的大米有一股自然的清香。如果气味发酸则不可选择。

如何煮米饭

❶ 反复淘洗有损营养。反复淘洗，大米的B族维生素会大量流失，其他蛋白质、脂肪等也会有不同程度损失。

❷ 用烧开过的水煮饭更营养。我们通常用自来水煮饭，自来水中含氯气，在烧饭过程中会破坏米饭中的维生素B_1，而用烧开过的水，氯气已随水蒸气蒸发掉。

❸ 水和米的比例要适当。每个人都可以按自己的干湿喜好来决定煮米饭时要加多少水。一般的电饭煲也有刻度提示，1杯米需要加几杯水。普通电饭煲，正常情况下，锅内下入米后，水高出米面1个手指关节高度。一般新米水分含量足，煮饭时要比平时少放点。所以，我们需要搞清楚自己买的是新米还是陈米哦。

第4章

我不爱吃肉

吃肉可以补充人体所需蛋白质，还可以帮助身体吸收脂溶性维生素。肉类还有大量人体必需的蛋白质和氨基酸。所以，尤其是处在生长发育阶段的孩子，应该适当食用一些肉类，但不能过量哦。

零失败必看

1 鸡蛋煮好后放入冷水中浸泡一会儿再剥，非常容易剥壳。
2 肉可以按自己的喜好来调味，也可再加入些其他的食材。
3 蒸的时间不宜过久，不然肉的口感会偏老。
4 肉一定要选择五花肉，口感尤佳。

这菜，小时候过年才有的吃

鲜肉吻鸡蛋

小时候，这道菜只有过年才吃得到，那可是真材实料，正宗土鸡蛋、土猪肉。不像现在这个年代，买了所谓的土鸡蛋，壳薄、黄小、色淡。

材料：鸡蛋3个，五花肉末200g，胡萝卜半根，葱适量

1 将肉调入味

将鸡蛋煮全熟，冷水中浸泡2分钟，将五花肉、葱、胡萝卜切成末，装入碗中，撒入3g盐、5g料酒、1g姜粉，用手抓匀。

2 盘里铺满料

将鸡蛋剥去壳，对半切开。将肉末团在半个鸡蛋上，使鸡蛋变成整个圆，依次将所有的做好，装入盘中。

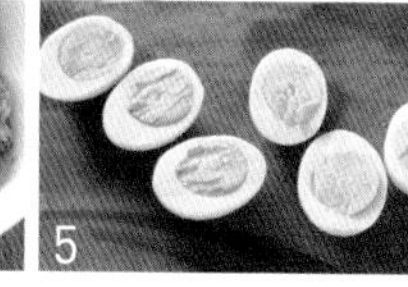

3 大火8分钟

蒸锅烧开一锅水，将做好的肉圆蛋放入蒸架上，大火蒸8分钟左右关火，焖3分钟即可出锅。

妈妈的小叮咛
油炸食品，不要多吃哦，适量即可。

一口不过瘾的

少油香煎猪排

还记得我家丫头有个同学是上海人，她妈妈很会做这道菜。那天一起聚餐，3个孩子都抢着吃这道菜，于是我向她学习了来，成了自己平时宴客的保留节目。

材料：猪排5块，蛋清1个，面包糠、细盐、白胡椒、黑胡椒适量

1 去腥入味好方法

将猪排用刀背拍松两面，两面都均匀地撒一层细盐、一层白胡椒、一层黑胡椒，淋上几滴柠檬汁，用手将两面拍拍匀。然后加入1个蛋清，将所有的大排都裹上，盖上保鲜膜，入冰箱冷藏1～2个小时。

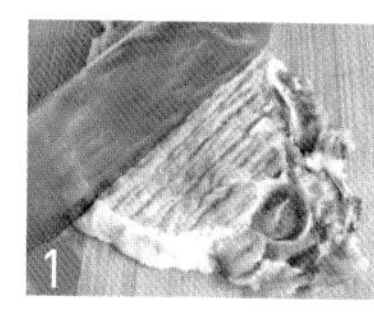
1

2

3

2 巧煎猪排

准备好面包糠，将平底不粘锅烧热，倒上一层0.5cm高度的色拉油，将大排从冰箱取出，将大排两面拍上面包糠，略按压紧实。油温大概五成热的样子，将火关小，放入大排，开始煎炸，煎至两面金黄即可出锅了。依次将所有的炸好即可，盛大排的容器建议放吸油纸。

4

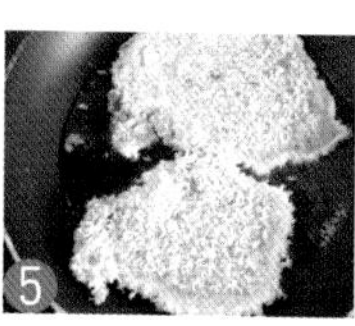
5

6

零失败必看

1 大排一定要选择最新鲜的。在浆制时，盐不要放太多，因为后期还要蘸酱油吃。

2 煎的时候，不但要给大排翻面，还要注意多移动平底锅的位置，使其受热均匀，因为用最小火的话，只有灶眼中心在加热。

3 煎至两面金黄大概3～5分钟的样子。

妈妈的小叮咛
建议小朋友适量食用，每次吃1~2个即可。

“真的太好吃了”

牛肉煎饼子

牛肉的营养价值很高，蛋白质组成比猪肉更易于人体吸收，是孩子长身体的好帮手，所以我家每周都吃牛肉。

材料：牛肉250g，山药一小段，鸡蛋1个，面粉30g，盐3.5g，五香粉1g，葱适量

1 给肉馅上味

将牛肉切成细末，将山药去皮切成末，将葱切末。将切好的牛肉、山药和葱末倒入碗中，加入鸡蛋和面粉，用筷子搅拌均匀。再加入3.5g盐和1g五香粉搅拌均匀。

2 把肉煎成饼

平底不粘锅烧热，锅底淋入少量色拉油，将火转至小火。用大勺子兜上一勺牛肉末，轻轻按扁，将肉饼煎至表面基本凝结，翻面继续煎。煎至两面金黄，即可出锅装盘啦。

零失败必看

1 可以按自己的喜好再加点其他的食材进去，也可以做成鱼肉饼、鸡肉饼。

2 平底锅底面比较大，在使用中心小火烹饪时，可以适当转动锅子使其受热均匀。

妈妈的小叮咛

厨房新手摊鸡蛋皮，建议选择不粘平底锅。

零失败必看

1 用平底不粘锅摊鸡蛋皮，锅底是抹上一层油，不是倒上一堆油，油多了蛋皮会滑动的。

2 用小火慢慢地烫熟蛋皮，新手也能一次成功的。

把肉藏进鸡蛋里

蛋皮卷肉

这道菜其实是很老底子的，现在却很少人做了，这次为了写这本书，我尝试着做了一回，那味道让人想家。有时候，一道简单的菜就能让人感悟传承也是一种美德。

材料：鸡蛋2个，五花肉100g，胡萝卜小半根，香菜适量，色拉油适量，细盐2g，料酒3g

1 摊好一张鸡蛋皮

平底锅烧热后转小火，淋入一点点色拉油，用厨房纸抹开，鸡蛋打成蛋液，从中心倒入，转动锅子使蛋液均匀平铺在锅底。看到蛋皮凝结，蛋皮边缘与锅壁脱离，即可揭起蛋皮，平铺在干净的案板上。

2 将肉卷进去

将五花肉、胡萝卜、香菜切成末，放入碗中，加入2g细盐、3g料酒，搅拌均匀。将肉馅平铺在蛋皮上，卷起来（如图），收口朝下装入盘中。

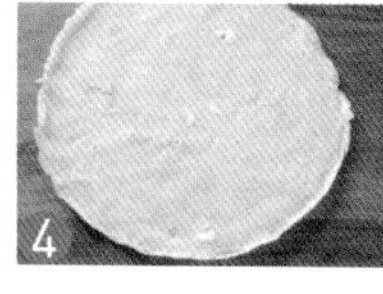

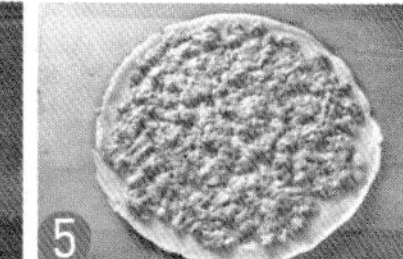

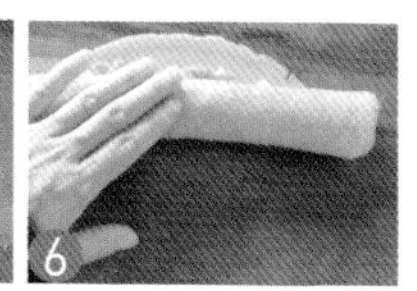

3 上锅蒸蒸熟

入蒸锅，大火烧开后转中火8～10分钟，焖3分钟，出锅后，切段食用即可。

零失败必看

杏鲍菇和肉在切成末时，切得不宜太细腻，保持一定的颗粒状态，吃的时候口感尤佳。糯米需要提前浸泡软，沥干水分后再用，这样蒸出来的糯米球晶莹透亮并且容易熟。

做一只有内涵的糯米丸子

糯米小丸子

把肉肉藏进米饭里，超可爱的小丸子，我觉得很多时候我们都可以邀请孩子一起参加，让孩子享受做美食的乐趣，感受每样食物的神奇变化。肉丸穿上一件小刺猬一样的衣服，蒸熟后又会有什么变化呢？

材料：杏鲍菇4个，五花肉末250g，糯米适量，蛋清1个，大蒜2粒，洋葱1/4个，料酒5g，细盐3g，五香粉1g，老抽6ml

1 拌一拌

将杏鲍菇、葱、蒜切成末，装入大碗中。加入肉末、蛋清、料酒、细盐、五香粉、老抽，用筷子朝一个方向搅拌3分钟。

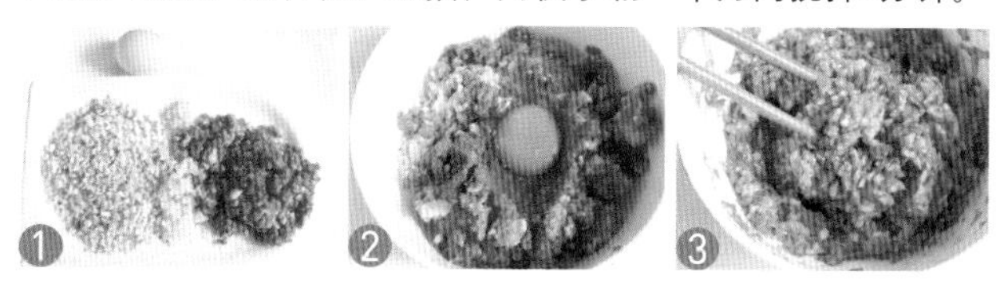

2 滚一滚

戴上一次性手套，取适量搅拌好的杏鲍菇肉泥在手心，团成圆球状，放进浸泡软的糯米中滚一圈，放入平底盘中，依次将所有的丸子做好。

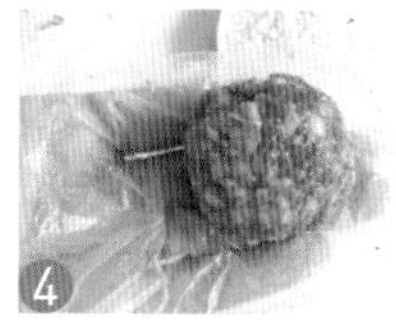

3 蒸一蒸

入锅中火蒸1个小时，出锅后可点缀些枸杞和薄荷叶。

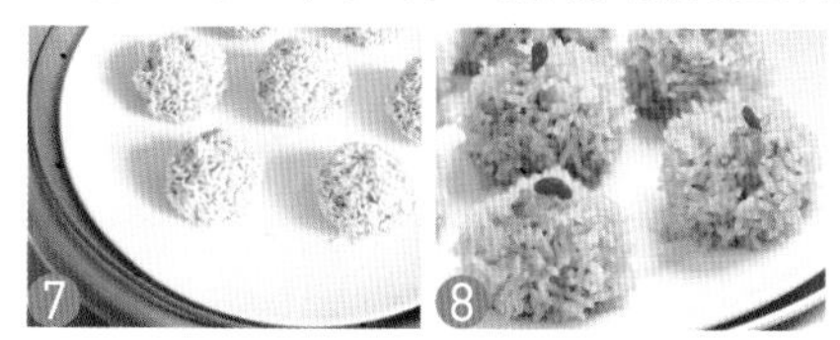

妈妈的小叮咛

这道菜其实很家常，也许你可以给孩子讲一个关于“微笑的天使”的故事，给菜披上一道神秘的面纱哦。

微笑的天使

太阳肉蒸蛋

在孩子的眼里，每一道菜都是一个故事，这道肉蒸蛋也有它的故事。有一个鸡蛋，它想为冬日里的小艾米送去金色的阳光，于是在一个午后，化成了一颗温暖的太阳蛋。

材料：五花肉100g，蛋1个，盐1.5g，料酒3ml，葱适量

1 拌一拌

将肉和葱切成末，装入碗中，加入1.5g盐和3ml料酒搅拌均匀。

2 加个蛋

将肉饼按扁，中心按得很低，磕入一个蛋。

3 蒸一蒸

入蒸锅大火蒸10分钟，焖3分钟即可开锅啦！

零失败必看

1 煎五花肉不用放油，因为肉片自身会出油。

2 五花肉肥瘦相间，将肉提前冷冻1个小时，可以很容易就切得均匀。

五花肉的诱惑吃法

香煎五花肉

这道菜非常好吃，可以说是很诱惑，没有人不爱的。五花肉脂肪含量高，煎透后会发现出油很厉害，这样肉本身含油量就少了，再配点黄瓜、生菜一起食用，怎一个爽字了得！

材料：五花肉500g，椒盐粉、白胡椒粉、黑胡椒粉适量

1 冻一下更好切

将新鲜五花肉入冰箱冷冻1个小时。将五花肉切成均匀的薄片。

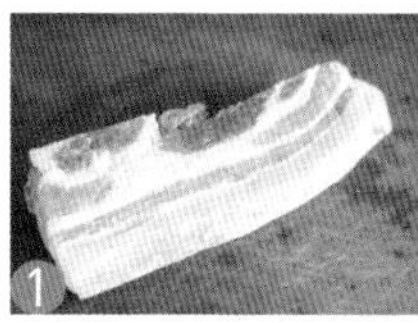
1

2

2 边翻边煎边撒味料

平底锅烧热，铺上肉片，小火煎。撒上适量的椒盐粉、白胡椒粉、黑胡椒粉，煎至肉完全变色，翻面继续煎。在反面也撒上适量的椒盐粉、白胡椒粉、黑胡椒粉，煎至两面金黄即可出锅了。

3

4

3 配点去腻的黄瓜

准备装肉片的盘上铺上一层黄瓜片，既清爽又解腻。

5

6

零失败必看

1 烤箱时间和火力仅供参考，每家的烤箱火力都有可能不一样。在烤制的最后时间记得在边上看护，以免烤焦，但是也不要离太近，以免发生意外。

2 在擀肉片的时候，一定要擀得厚薄均匀，这样烤的时候才能受热均匀。

3 猪肉一定记得选择精肉部分，油脂比较少，适合做肉脯。

当芝麻爱上猪肉

香喷喷的猪肉脯

猪肉脯有劲道、有营养，给孩子磨牙是不错的选择。只是现在食品安全问题层出不穷，不让人省心。自己动手做一些存着，作为孩子的零食或早餐都很好。

材料：猪里脊肉400g，料酒3g，生抽10g，黑胡椒粉1g，五香粉1g，糖3g，盐1g，白芝麻10g，蜂蜜10g

1 先做肉末

猪里脊肉400g剁成肉末。在肉末中加入料酒3g、生抽10g、黑胡椒粉1g、糖3g、盐1g、五香粉1g，将肉末用筷子朝一个方向搅打，打上3~5分钟即可。

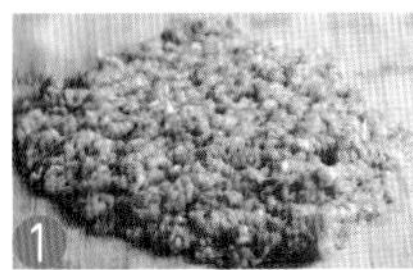

2 擀成肉片

在案板上铺上一张锡纸，涂上一层色拉油，将肉末倒在上面，盖上一层保鲜膜，用擀面杖将肉末擀平整，要薄而厚度一致。将擀好的肉片连同锡纸一起移到烤盘上。

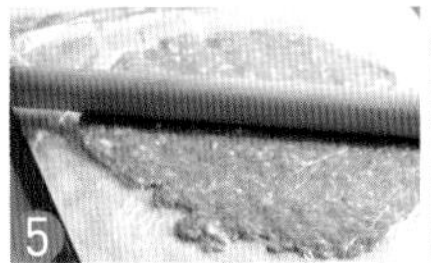

3 烤一烤就开吃啦

烤箱预热到180度，上下火，中层。将烤盘送入烤箱，烤15分钟后取出来。将盘子侧过来倒掉水，然后在肉表面刷上一层蜂蜜，撒上白芝麻，再入烤箱。继续烤制20分钟后，将烤盘取出，将肉片翻面继续烤制。继续烤制20分钟后再翻面烤，烤到感觉水分全无、肉片结实并且面积缩至一半左右时，就是烤好了。此时肉香弥漫满屋，喷香的猪肉脯出炉啦！烤好后晾凉切条即可食用。

妈妈的小叮咛
南方人爱吃带点甜的食物，煮的时候可以适当放点白糖。

强壮身体菜

五香卤牛肉

牛肉含有丰富的蛋白质，氨基酸组成比猪肉更接近人体需要，能提高机体抗病能力，促进儿童生长发育。

材料： 牛腱子1块（1000g）

先炖后切

将牛腱清洗干净，放入锅中加满水，加入适量料酒，大火烧开，撇去浮沫。加入姜片和葱结，少量香料（花椒、大料、桂皮、草果），盖上盖子，小火炖1小时。将炖好的牛腱子捞出，放在盘中彻底晾凉，切片，蘸椒盐食用即可。

妈妈的小叮咛

大料、孜然等香料粉可不加。加入香料是考虑到有些孩子不喜欢猪肉自身的味道，用少量的香料粉可以适当压一下肉腥味。

零失败必看

1 做肉圆子要选择“3肥7瘦”比例的肉，这样的肉口感好。

2 肉圆刚入油锅时，油温不可过高，以免一下子外焦里生。

肉丸子的公主装

肉丸滚面包糠

材料： 面包糠100g，五花肉250g，洋葱半个，盐3g，大料粉0.5g，黄酒5g，色拉油200ml

我自己是个不爱吃猪肉的人，必须加点香料在里面，盖住猪肉本身的味道，才吃得进。有时候想想吃素也不错。但对于正处在生长旺盛期的孩子、干体力活的劳动人，吃点猪肉是很不错的补充体能的办法。

1 肉末拌上味

将五花肉切成肉末，将洋葱切成末。将五花肉末和洋葱倒入料理盆中，加入盐3g、姜粉0.5g、大料粉0.5g、孜然粉0.5g、黄酒5g，用筷子朝一个方向使劲搅匀。

2 反复滚一滚

取适量肉末放在手中搓成肉圆，放在面包糠碗里均匀裹上面包糠，依次将所有的做好。

3 油里炸一炸

在裹面包糠的同时，油锅中倒入200ml色拉油，油温达五成热时下入肉圆。小火炸肉圆，直至肉圆金黄色，捞起沥干油装盘即可。

零失败必看

1 烤箱的温度仅供参考，不要站在烤箱前经常观察，不要溅冷水到烤箱玻璃上，记得取烤盘时一定要戴隔热手套，打开锡纸时会有热气冒出，眼睛不要靠太近。

2 不喜欢青、红椒的可以用其他蔬菜代替，比如说土豆、茄子、胡萝卜等。牛肉也可以用其他肉类代替，比如羊肉、猪肉、鸡肉等。

3 包锡纸烤是为了更好地保留住汁水，也可以防止高温烘焙时油脂外溅。

妈妈的小叮咛

如果你的孩子吃不了黑胡椒的话，可以不放。选择里脊肉口感会比较嫩，小孩子比较咬得动点。

把菜串起来吃

彩椒烤肉串

烤肉串，是永恒的主题，自己烤和外面烤的差别在于食物的安全度、卫生度和新鲜度。平时我不建议给孩子吃烧烤的，但是，孩子的童年里可以有烧烤，难得吃一两次没关系的，这份快乐可以让孩子身心更健全地成长。

材料：牛里脊肉250g，青、红椒各半个，洋葱半个，生粉、盐、白胡椒粉、黑胡椒粉、孜然粉、料酒适量

1 该切的都切了

将肉和蔬菜切成均匀的小方丁。将肉放在碗中，放入适量的生粉、盐、白胡椒粉、黑胡椒粉、孜然粉、料酒，用手抓匀，盖上保鲜膜，入冰箱冷藏12小时。

1

2

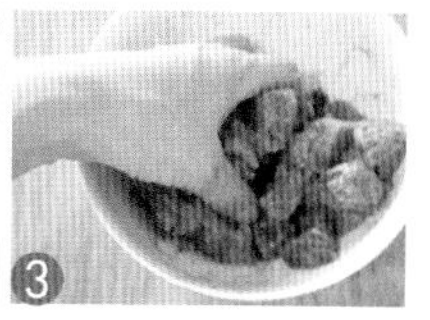
3

2 该串的都串了

将肉和蔬菜用竹签串起来（如图4）。烤盘里铺上锡纸，铺入肉串，淋上适量的色拉油，用锡纸盖起来。

4

5

6

3 统统烤一下

送入烤箱，放中层，上下火，180度，烤15～20分钟。烤好打开烤箱，打开锡纸，撒上适量黑胡椒粉，开吃啦！

7

8

1 羊肉焯水，可很好地去掉一定的膻味和冰冻的水分，在炒的时候不会出很多的水。
2 羊肉在焯水时，焯七分熟即可，可以很好地保持住嫩度。

最简单的羊肉烧法

大葱爆羊肉

在冬天，我家经常会烧大葱爆羊肉或者大葱爆牛肉，冬天寒冷，吃点牛肉、羊肉不但可以暖身，还有很好的补益功效。

材料：羊肉片500g，大葱1根，葱、姜、蒜、香菜、孜然、红甜椒适量

1 先焯水去血水

将羊肉片焯水至七分熟，沥干水分备用。

2 再炒香配料

将大葱切斜块，葱、姜、蒜、红甜椒切小块备用。炒锅烧热倒油，下入葱、姜、蒜和大葱炒出香味，下入红甜椒翻炒一下。

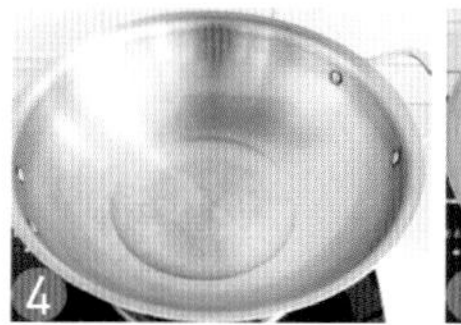

3 最后加入羊肉爆炒

倒入羊肉片翻炒一下，撒入细盐和孜然粉翻炒均匀，香菜切末入锅翻炒均匀。出锅装盘即可，期间可以再加些个人喜欢的材料和调味料。

零失败必看

1 我第一次做失败了，原因是肉只炖了半个小时，不够烂，入面包机前，肉的块又切得太大了。所以，想要用面包机做肉松，必须要提前将肉弄得很碎才靠谱。

2 这里的调味料是我按自己的喜好放的，各位也可以按自己的喜好调整，但盐和油是不能少的。

3 还可以做牛肉松、鸡肉松、鱼肉松等。

4 肉类的用量建议不要超过面包桶的一半高度，免得肉松制成后蓬到桶外。

"松松软软的真美味"

好吃的肉松

在孩子还小的时候，真的很需要做点肉松，因为牙齿没有长全，咬什么都不烂，唯一可以给孩子吃肉的方法就是做肉松。3岁之后，大部分肉类只要炖得烂就可以了，但我现在还是偶尔会给孩子做点肉松。自己做的肉松安全、卫生、新鲜、无添加，孩子可以当零食吃。

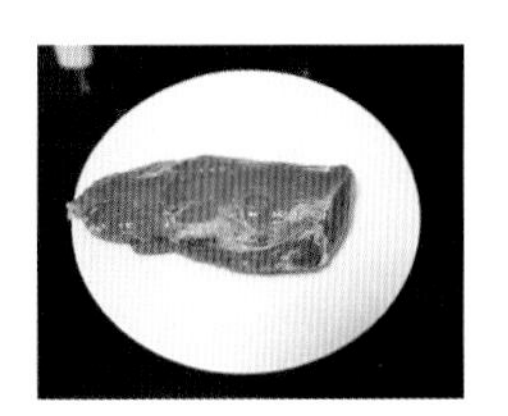

材料：猪里脊肉500g，料酒10g，姜粉1g，花椒粉1g，大料粉1g，盐3g，生抽15g，色拉油20g（姜粉、花椒粉、大料粉没有的可以不加）

1 煮肉

将猪里脊肉清洗干净，入锅中，加入大半锅清水，加入料酒，大火烧开，撇去浮沫，转小火，炖1个小时。

1

2

3

2 碎肉

将肉捞出晾凉，切成薄片，再用擀面杖碾得很碎，或者是用刀切成末。

4

5

6

3 烘搅

将弄碎的肉倒入面包桶中，加入盐、姜粉、花椒粉、大料粉、生抽、色拉油。将面包桶入面包机安置固定好，打开"花式果酱"程序，1个小时20分钟，肉松就做好了。

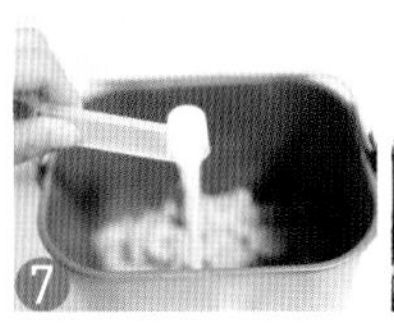

7

8

9

小小美食家

@金戈丰色

祝福语：听到你的哭，看到你的笑，盼到第一声爸妈，你每一步成长都让我们感觉这些年所有的付出是甜蜜的。

@爱童爱家

祝福语：每每看你灿烂的笑脸，我便满心甜蜜、满足。这是幸福的人生，与你，亦与我。唯愿你，幸福、快乐……

@森森 de 麻麻

祝福语：愿所有的幸福，所有的快乐，所有的温馨，所有的好运，永远围绕在你身边……你幸福所以我幸福！

@隽熹妈

祝福语：宝贝，妈咪希望你健康快乐无忧无“泪”地长大。

@糯米情书

祝福语：体贴的小妞，希望你每天都健康快乐！

如何辨别好肉

① 新鲜的肉：新鲜的肉表面有一层略微干燥的表皮，切面稍有湿润，但不出水。肌肉红色有光泽，肉质紧密而有弹性，指压后凹陷立即恢复，脂肪为干白，闻气味，没有腐臭味。

② 变质的肉：变质的肉目测颜色暗淡，有些呈浅绿或乌灰色，表面有可能很干，也有可能很湿还淌着浑浊的水，有腐臭味，肉质松散。

③ 注水肉：肉表面湿淋淋的，边缘有水渗出，放一张纸巾在上面，纸巾变湿而不是变油。

炖肉去腥有妙招

① 炖肉的时候，放上适量的生姜、葱结同炖，可以很好地去掉肉腥味，完全不喜欢猪肉自身味道的，可以适当地加大料、花椒、草果、香叶等香料同炖。

② 炖红烧肉时，将肉先在锅里煸炒一下再炖，肉吃起来会特别的香。

③ 炖肉骨头汤时，在汤中加入适量黄酒，然后大火烧开，撇去浮沫，再加入适量生姜、葱结同炖，炖出来汤香而不腥。想要汤浓用大火炖，想要汤清用小火炖。

第5章

我不爱吃水产

鱼虾等水产类，属于精致蛋白，易被人体吸收，孩子处于生长发育阶段，机体对蛋白质的需求比较多。深海鱼类还含有丰富的碘和锌、不饱和脂肪酸、维生素D和DHA。DHA是脑细胞膜中磷脂的重要组成部分，是促进大脑发育的营养素，可提高记忆力和思考能力。

妈妈的小叮咛

鱼肉和蛋类为高蛋白食品，蛋黄含高胆固醇，所以请适量食用。

"跟我一起来找鱼"

鱼肉蛋饼

有的孩子天生爱吃鱼，有的孩子则十分抗拒。我有个让孩子爱上吃鱼的好办法，就是把鱼肉藏进宝贝爱吃的食物里。这里鸡蛋的煎香味，完全盖住了鱼的味道，一般孩子吃不出来鱼肉的味道哦。

材料：鱼肉150g，鸡蛋2个，葱适量

1 鸡蛋鱼肉混合好

到菜场买一块现杀的黑鱼肉。将鱼肉清洗干净，剁成颗粒状，将葱切成葱花。将蛋打在碗中，打成蛋液，加入鱼肉粒和葱花，搅拌均匀淋入适量料酒，撒上适量细盐，搅拌均匀。

2 平底锅里两面烙

取不粘平底锅，锅烧热后淋入适量芝麻油，油热后倒入鱼肉蛋糊，摊平表面，盖上盖子转小火煎，不时地转动几下锅，使其受热均匀。煎至表面基本凝结后，翻面继续煎至金黄即可出锅。出锅切块食用。

零失败必看

这里用芝麻油和煎蛋饼增香的方式，都是为了掩盖鱼肉自身的气味。这是针对不喜欢吃鱼肉的孩子的做法。

零失败必看
1 买黑鱼的时候可以要求摊主把鱼切成片的。
2 油不要放太多，这里是煎不是炸。
妈妈的小叮咛
虽然是用少油香煎的方式做的鱼排，但也属于高热量，小朋友们浅尝即可。

健康少油版

煎鱼排

我觉得油煎的东西都蛮好吃的，这道鱼排也不例外。这道菜我都不敢多烧，丫头食欲本来旺盛，遇到自己爱吃的菜时，饭得加3次。得控制，得控制！

材料：黑鱼肉一整片，鸡蛋1个，面包糠一小碗

1 腌制去腥

将一整块的黑鱼肉用刀斜片成几大片，将鸡蛋打成蛋液备用。将鱼片放在碗上，加入适量白胡椒、黑胡椒、细盐、料酒抓匀，浆制15分钟去腥入味。

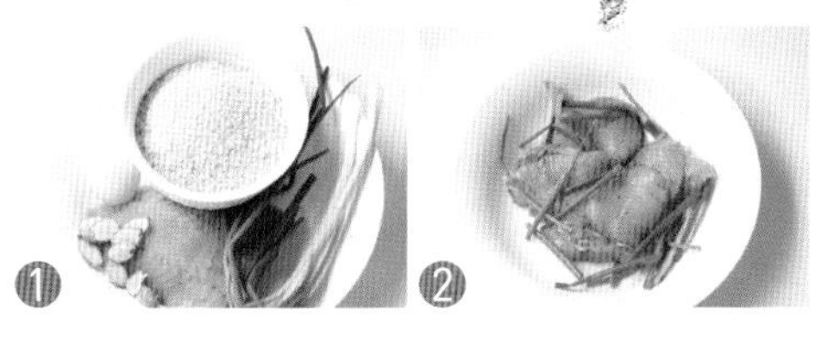

2 裹上外衣

取一片鱼肉放入蛋液中包裹蛋液，然后放入面包糠碗中，均匀地裹上一层面包糠，依次将所有的做好。

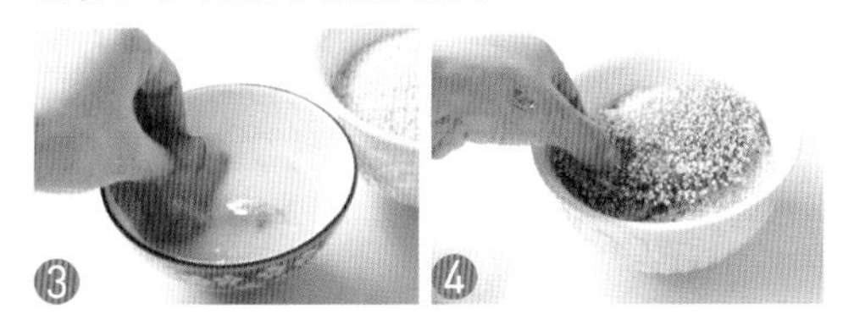

3 少油香煎

平底锅烧热倒入0.5cm厚度的色拉油，烧至六成热时，放入鱼片煎。煎至两面金黄时捞出鱼排，放在铺了吸油纸的盘中即可，趁热食用。

给鱼肉凹个造型

鱼肉芦笋卷

有的孩子可能不喜欢吃鱼肉，不如将鱼肉凹点造型，也许胃口就开了。这里做的是野生黑鱼片卷芦笋与胡萝卜，淋上儿童有机酱油食用，健康、营养、长身体。

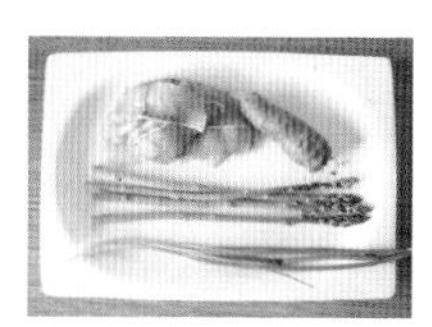

材料：黑鱼片、芦笋、胡萝卜、小葱、料酒、细盐、芝麻油、儿童有机酱油适量

1 鱼肉包芦笋

这里用的是黑鱼片，购买时请摊主切蝴蝶片，就是两片连一起的那种。将所有的材料清洗干净，将芦笋切段，将胡萝卜切条。将蝴蝶状鱼片打开，平铺在盘子中，放上芦笋和胡萝卜，卷起来，并用小葱扎好。

2 淋味上锅蒸

依次将所有的鱼片卷做好，淋上适量的料酒去腥气，撒上少许细盐，再淋上适量芝麻油。将鱼盘送入烧开水的蒸锅中，大火蒸5分钟即可，出锅后淋上适量儿童有机酱油或者蒸鱼豉油即可食用。

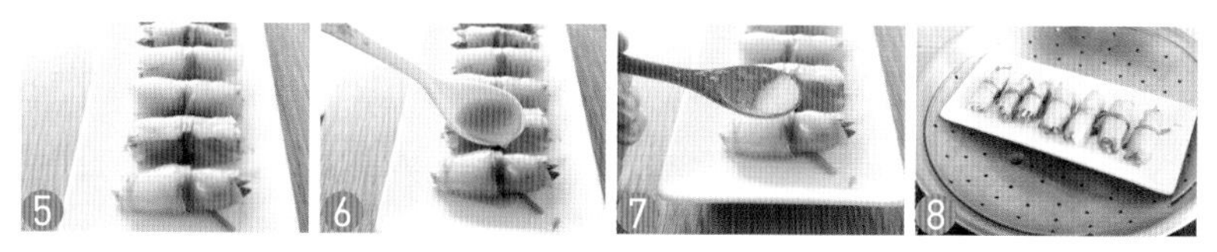

零失败必看

1 蒸的时间不要过长，不然鱼肉会柴，蔬菜会黄。

2 必须选择新鲜的鱼肉，黑鱼、鲈鱼较适合。

3 放芝麻油是针对不喜欢吃鱼的小朋友，芝麻油自身的香味会盖住鱼自身的气味，也能盖掉一定的蔬菜味。

鱼肉的小清新吃法

茄酱鱼片

鱼肉高蛋白，很适合正在生长发育中的孩子，黑鱼片非常的鲜嫩，煮的时间不宜太长，掌握煮鱼片的嫩度是关键！

材料：中等个头的蕃茄4个，新鲜黑鱼片250g，洋葱半个，葱、蒜、黄油适量

1 把该切的切了

选择新鲜的黑鱼片，请卖鱼的摊主现场片好鱼片即可。鱼片淋上适量料酒，撒上适量细盐，淋入适量的水淀粉，抓匀，浆制10分钟。将洋葱和蕃茄切成丁。

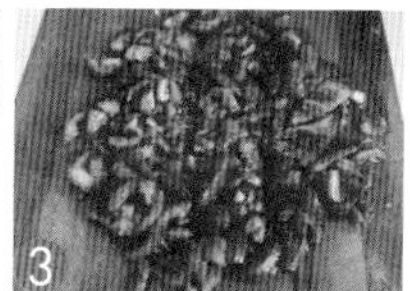

2 茄汁香的关键

炒锅烧热，下入适量黄油，入洋葱丁炒出香味。下入蕃茄丁炒出沙，撒入适量细盐和白砂糖，继续翻炒至软烂。冲入适量热开水，大火煮上5分钟至浓稠。

3 鱼片嫩的关键

汤锅烧开一锅水，下入鱼片焯熟，捞起鱼片，装入盘中，盖上煮好的茄酱，装饰适量葱花即可。

鲜香美味到极致的

培根虾肉馄饨

虾其实是好东西，高蛋白低脂肪，但有些孩子不太喜欢，觉得虾有奇怪的气味，这里使用香味浓郁的培根，可以很好地盖住虾的腥味，不妨一试哦！

材料：培根、鲜虾、馄饨皮、葱、芦笋适量，盐、料酒、白胡椒粉、黑胡椒粉适量

1 虾仁馅的制作

鲜虾入冰箱冷冻半小时，取出剥去虾壳，用剪刀开背，去掉虾泥肠。将所有的食材切成末（虾仁、葱、培根、芦笋）。将所有的食材放入大碗中，加入适量盐、料酒、白胡椒粉、黑胡椒粉、色拉油，用筷子快速搅拌3分钟。

2 图解如何包馄饨

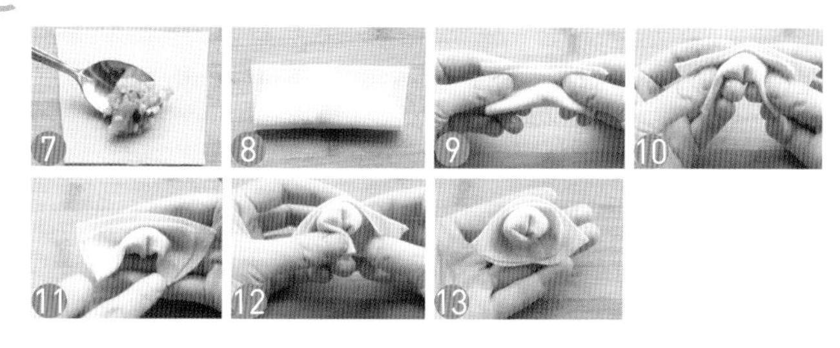

零失败必看

1 虾仁要买新鲜的虾，买回家放冰箱里冷冻半小时再剥，这样会非常好剥。

2 喜欢吃虾的话，可以不放培根，虾肉可以切的颗粒大点。

零失败必看

1 虾最好选择活的大对虾。
2 调味料可以按自己喜好适当更换。

"好像一只蝴蝶"

开背蝴蝶虾

最早吃蝴蝶虾是在某餐厅吧，曾经一度被其美味折服，后来自己会做这款蝴蝶虾之后，发现外面店里卖的都弱爆了！还是自己做的新鲜、卫生、霸气！

材料：大虾8只，鸡蛋1个，面包糠、黑胡椒粉、白胡椒粉、细盐适量

1 处理大虾

将大虾剥去虾壳，留下虾仁，虾尾巴上的壳不要剥掉。用剪刀剪开虾背，顺便挑去虾线。

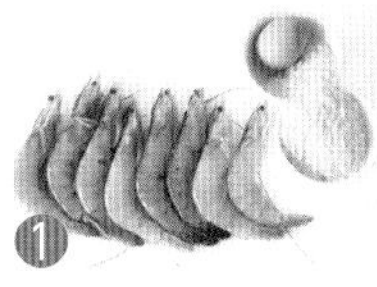
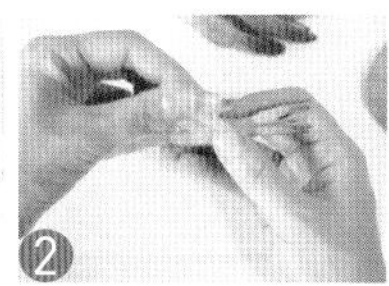
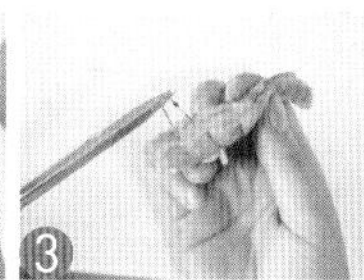
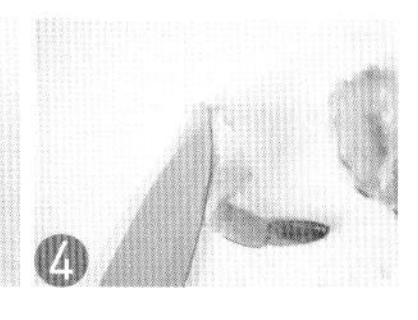

2 半成品做好啦

将虾仁开背后平铺，撒上一层细盐、黑胡椒粉、白胡椒粉，拍撒均匀，腌3～5分钟。将鸡蛋打成蛋液，将虾仁在蛋液中滚上一圈，再放入面包糠中滚上一圈。

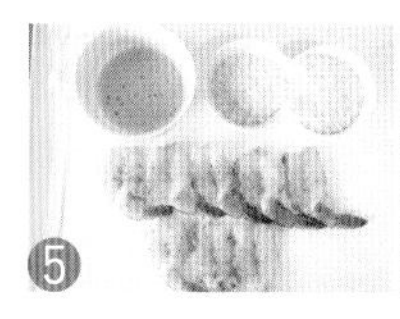

3 下锅炸

将虾入七成热油锅，炸至金黄色，捞出沥干油，装盘即可。

零失败必看

1 带鱼一定要选择新鲜的。
2 不粘锅的选择，可以让每个厨房新手都成功煎好带鱼。
3 煎带鱼时一定要开大火煎，煎时要一次成形，不要反复翻动。
4 糖、醋、酱油可以按自己的喜好适当调整比例。

“酸酸甜甜真好吃”

简版糖醋带鱼

用一口平底不粘锅，用少油来煎带鱼，不拍粉，也不用重新起锅，在煎的带鱼上直接淋上些酱油、米醋，撒上白糖，旺火一开，用筷子翻一次面，最后撒上葱花，即可出锅了。

材料：带鱼2条，料酒、酱油、米醋、白砂糖适量，热开水50g

1 把鱼两面煎

将带鱼清洗干净，用剪刀剪成4～5cm长度的段，沥干水分备用。平底不粘锅烧热，倒少许油，下蒜、姜片煎出香味。下入带鱼段，开大火煎至两面金黄。

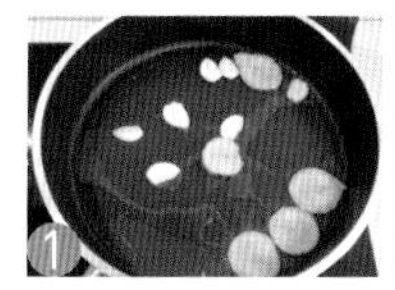

2 最简单的糖醋汁

喷入适量料酒，倒入适量酱油和米醋（我这里大概放了10g料酒、40g酱油、30g米醋）。再加入50g热开水，开大火煮带鱼，摇动几下锅子，撒上一层白砂糖（大概15g）。用筷子或者铲子将带鱼每个都轻翻一下面，再次晃动锅，使带鱼整个包裹上糖醋汁。见汤汁变得很浓稠，即关火，撒上葱花，出锅装盘即可。

口水流成河的

芝士焗扇贝

扇贝营养价值很高，味道很鲜美，它富含蛋白质、B族维生素、镁、钾等，如果孩子们对海鲜不过敏，非常值得一吃。

材料：扇贝5个，葱、姜、蒜、洋葱、黄油、马苏里拉芝士、白酒、盐、胡椒粉适量

1 洗扇贝有学问

扇贝用刷子刷刷，刀沿着壳的边贴牢切进去，使贝肉脱离贝壳。把像睫毛一样的东西摘除，共两片。把黑色的包拿掉。淡黄色的裙边可拿掉也可留着，洗干净的扇贝沥干水分备用。

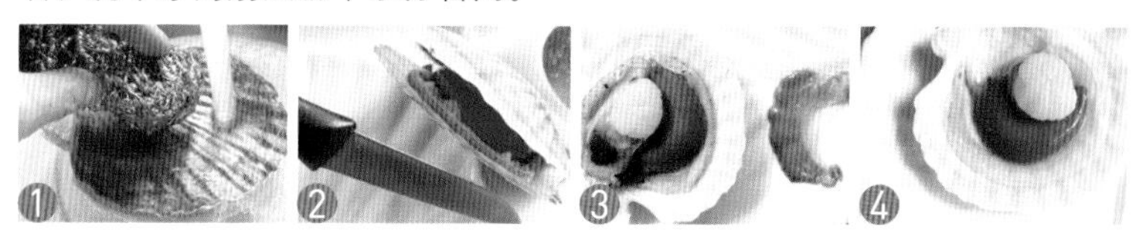

2 去腥入味这么做

在扇贝上撒上点白酒、盐、胡椒粉，有柠檬的加几滴柠檬汁。葱、姜、蒜、马苏里拉芝士、黄油切丝备用。撒上蒜末、姜末、洋葱末、黄油丝，最后撒上马苏里拉芝士丝。

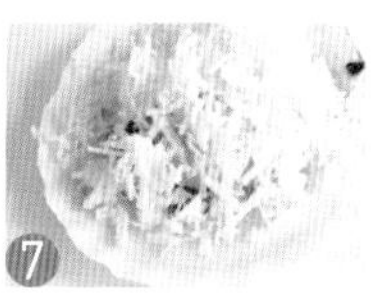

3 交给烤箱了

入预热好的180度烤箱烤制10分钟，即可出炉。请按扇贝的实际大小来确定时间，烤箱温度仅供参考。

妈妈的小叮咛

蕃茄偏酸的话，在煮的时候可以加点白砂糖。

零失败必看

鱼片需提前浆制。鱼片洗干净之后沥干水分，然后加入料酒和干淀粉抓匀浆制，这样浆制出来的鱼片，口感非常嫩滑。

“我最爱吃嫩嫩的鱼片啦”

蕃茄鱼

说到酸菜鱼，那是家喻户晓，但不太适合小孩子吃，如果改成番茄鱼，那就完全适合孩子们了。不但口味不辣不酸，而且鱼肉营养，就连汤底里也是浓浓的蕃茄原汁。

材料：蕃茄1000g，鱼片250g，葱、姜、蒜、料酒适量，干淀粉10g，盐2g，色拉油40g

1 鱼片浆一浆

将鱼片洗干净，沥干水分，加入几滴料酒、干淀粉、1/4个蛋清。用手抓匀，放置一边，浆上15分钟。将葱、姜、蒜洗干净，切好备用。将蕃茄去皮切成小碎块。

2 蕃茄汤底这样熬

锅中倒入20g色拉油，烧热后将蕃茄倒入，加入2g盐。如果是有酸味的蕃茄，可以适当加点白糖。开大火，将蕃茄炒出沙，转小火，炖上3分钟。如果觉得汤汁特别浓，这个时候可以加点水。

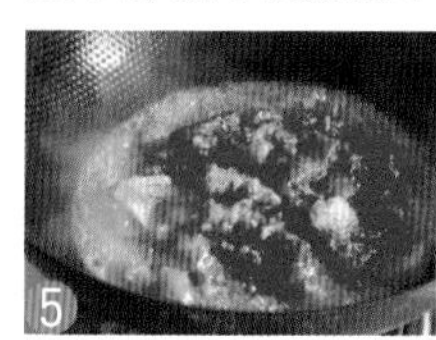

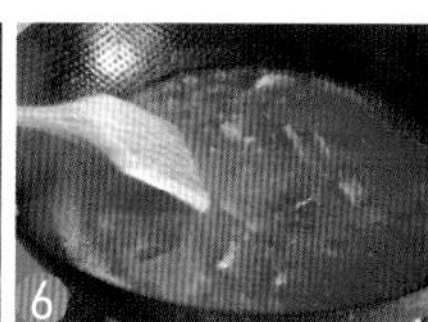

3 下入鱼片喽

加入鱼片并关掉火，用铲子将鱼片推开。出锅装入大碗中。撒上点白胡椒。撒上蒜末和葱末，淋上20g八成热的热油，“吱啦”一声响，美味的蕃茄鱼就算是做好了。

零失败必看

1 鱼虾的新鲜度很关键，新鲜的鱼虾健康、营养，口感好且不腥气。

2 蒸蛋的火候和时间很关键，一般蒸水蒸蛋，冷水开始蒸，水开后从大火转成中小火，再蒸10分钟，焖5分钟，蒸出来的水蒸蛋刚刚好。

3 鸡蛋要蒸得平整，除了火候和时间外，在蒸碗上盖上一个平底盘也很关键，不盖的话容易起泡。

妈妈的小叮咛

为了将鱼肉和胡萝卜能露出蛋液表面，最好选如过程图中这样的浅底碗。

促进生长发育的好菜

鱼虾水蒸蛋

小孩子的身体时刻都在发育，每天都应该吃点富含优质蛋白的食物，鱼、虾、鸡蛋是不错的选择。

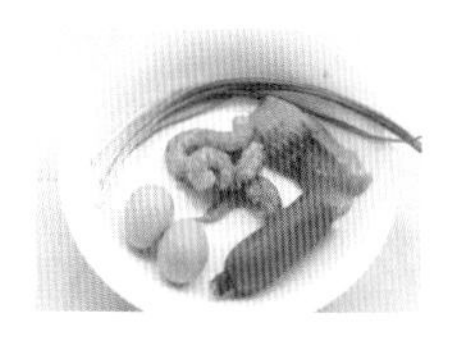

材料：黑鱼肉100g，明虾仁80g，鸡蛋2个，胡萝卜小半根

1 这样处理虾仁、胡萝卜

选择新鲜现杀的野生黑鱼肉，菜场买的时候可以请摊主直接去皮去骨的。明虾买回来后放冰箱冷冻半小时，剥出虾仁。将鱼肉和虾仁切成小丁，撒入适量细盐、料酒腌制10分钟。胡萝卜选择细长条的，用小刀刻出花的外形（如图3），不会刻的直接切片就可以了。

2 蛋液倒在浅盘里

鸡蛋磕入碗中，加入1g盐，打成蛋液，加入两倍的清水打均匀。将鱼肉丁和虾仁丁撒入蛋液中，将胡萝卜片放在鱼肉虾仁上。

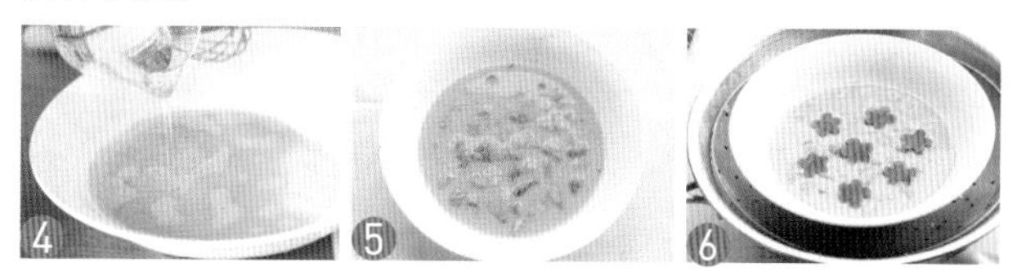

3 蒸蛋窍门多

将装了蛋液的碗冷水下锅蒸，盖上一个平底盘，再盖上锅盖，开大火，烧开后转中火10分钟，关火焖5分钟。开盖，淋入适量香油，撒入葱花，不会切如图葱花的，切成普通的葱末，撒入碗中即可。

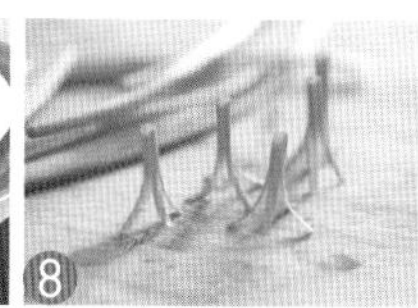

妈妈的小叮咛
虾干做好后，我们大人坐电脑前吃吃蛮好的。烧菜时候用来放汤也不错，送人也是很好的选择，尤其对于孩子，是很不错的补钙零食。

最懒人的做法

微波炉虾干

自己做的新鲜的虾干，其实是非常不错的有营养的食物，只需微波几分钟，美味立即呈现哦！

材料：冰冻对虾1000g，10ml料酒，10g盐，葱、姜适量

1 盐水煮虾

将虾清洗干净，切好葱、姜。锅中装入水，葱、姜、料酒10ml、盐10g，倒入虾同煮5分钟。关火，在汤中浸泡15分钟，使其入味。

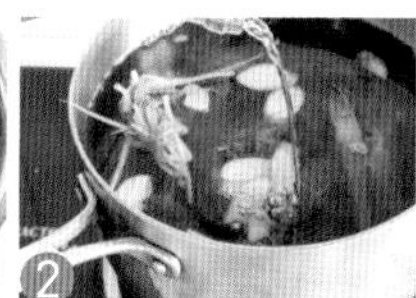

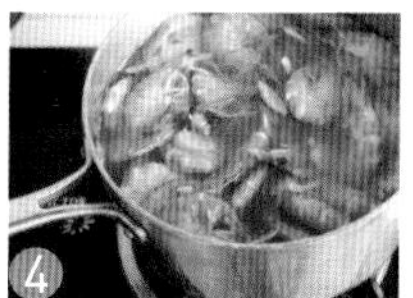

2 微波烘虾

将虾捞出，控干水分，平铺在平底盘上。入微波炉，小火5～8分钟，取出来翻面，再小火5～8分钟，即可。如果觉得不够干，可以继续追加几分钟，越干燥的越容易保存。

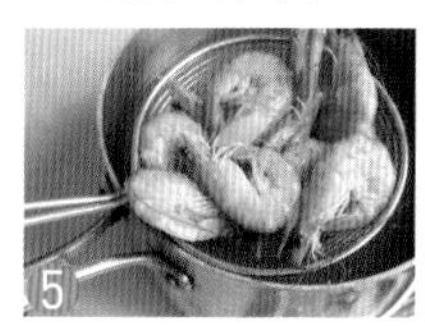

零失败必看

1 我家的是光波炉，烤的速度没有微波炉快，我每次5分钟反复烤了4次左右。
2 也可在大太阳底下直晒2天，做成虾干。

妈妈的小叮咛

1 烤箱的温度和时间仅供参考，要按自家烤箱的实际情况来。

2 选择虾体通透的虾，虾体发白的虾不够新鲜。

不是大侠是大虾

蒜蓉焗大虾

不爱吃虾?其实虾是好东西呢，含丰富的蛋白质、钙等，我们不如利用烤箱来做做虾的美食料理，也许会有新的惊喜哦。

材料：大虾6只，香菜、大蒜、黄油、黑胡椒粉、柠檬汁、细盐适量

1 将虾开背

将虾清洗干净，开背，挖去泥肠，平铺在盘中。将黄油放入小碗，微波炉融化，将大蒜切末，将香菜切末。

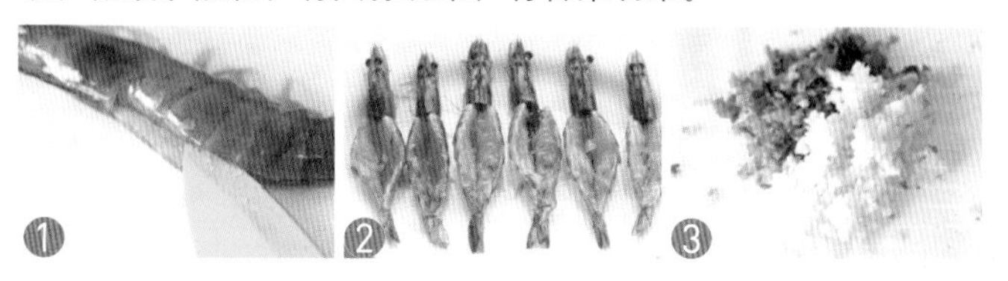

2 铺上蒜蓉

将大蒜、香菜末放入黄油碗中，加入适量黑胡椒、柠檬汁、细盐，搅拌均匀。将拌好的酱盖在虾背上。

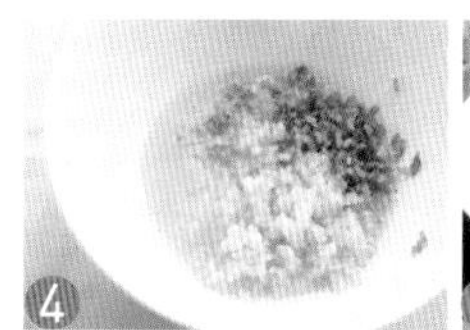

3 送入烤箱

将虾移入烤盘，并盖上一层锡纸，放入烤箱中层，上下火，180度烤15分钟。烤好后取出，撒上一些黑胡椒粉，趁热开吃。

与蚵仔煎有的一拼哦

牡蛎煎蛋

牡蛎含有丰富的微量元素锌。很多妈妈对如何给孩子补锌表示很困惑，不如来做做这道简单的牡蛎煎蛋吧。

材料：牡蛎20个，生菜叶子几片，鸡蛋2个，料酒、细盐、白胡椒粉、姜汁、干淀粉、甜辣酱适量

1 牡蛎要上浆

将牡蛎清洗干净，沥干水分，放入碗中，加入适量的料酒、细盐、白胡椒、姜汁和干淀粉，用手抓均匀，浆上10分钟，蛋碗中加适量细盐打成蛋液。

2 蛋饼这样煎

选择大点的平底锅烧热，倒入适量油至七成热，放入生菜和浆过的牡蛎，牡蛎煎至底部凝结，淋上蛋液。

3 淋酱是关键

等蛋液基本凝结，将牡蛎蛋饼整体翻面，大火继续煎半分钟，出锅装盘，淋上适量甜辣酱或者蚵仔煎酱，趁热吃。

@幸福阳光sll

祝福语：希望宝贝，健康快乐成长，平平安安每一天！

@ 辰妈

祝福语：妈妈希望你能够健康快乐成长！人这一生非常短暂，要珍惜拥有，学会分享，懂得感恩！愿我的爱像阳光一样包围着你，给你光辉灿烂的自由！

@可爱的大乐

祝福语：乐乐宝贝，你就像春天里的万物，快速而健康地成长着，妈妈希望你永远都是这么阳光、明媚、茁壮、生机勃勃！

@ 琪琪宝贝妞

祝福语：祝宝贝健康快乐成长！

@ 暄宝她姐

祝福语：希望我的暄宝和别的小朋友一样，健康平安快乐地成长~

如何挑选新鲜的鱼

1 看鱼身：如果鱼身体看起来异常，头大尾小，脊椎弯曲、畸形，说明受过污染，这种鱼不要买。

2 看鱼眼：鱼眼饱满凸出，角膜透明的鱼比较新鲜，眼球不凸，眼内发白或者有淤血则不新鲜。

3 看鱼鳃：新鲜的鱼的鳃鲜红，黏液透明。不新鲜的鱼的鳃颜色暗红或者灰紫，黏液有腥臭味。

4 看鱼腹：新鲜的鱼腹不膨胀，肛门部位凹陷呈白色，不新鲜的肛门孔外凸。

如何烧鱼没腥气

1 选鱼是关键。鱼要烧得不腥气，最重要的是选鱼要绝对的新鲜。

2 用合适的去腥材料：生姜、葱、料酒、白酒、白胡椒、柠檬等都有很好的去鱼腥气的作用。

3 烧鱼汤时，先将鱼煎至两面略黄再冲入热水用大火烧汤，鱼汤香浓而没腥气。

WHITE RABBIT

第6章

妈妈亲手做的零食

没有零食的童年是不完美的童年，冰糖葫芦、芝麻糖、山楂卷陪我们度过了幸福的孩提时代，我们又能给自己的孩子准备点什么好吃的零食呢？不如和孩子一起DIY吧，又好吃又好玩，为我们的孩子制造个快乐幸福的童年吧！

“香到流口水的”

烤红薯

记得小时候，到了冬天，在烧饭的时候，我和哥哥都会找红薯扔进灶头的毛灰堆里，为了让红薯有足够的时间焐熟，我们会选择一些树枝、木头做柴火。最后红薯是熟了，饭却焦掉了，因为余火灭得很慢。

材料：红心番薯7～8个

就是这么简单

将红薯洗干净，烤盘铺上锡纸。将红薯放在铺了锡纸的烤盘上，送入烤箱。放中层，上下火，200度烤50分钟即可。

1 在烘焙的时候，烤箱的温度每家可能都有点差别，这里的温度仅供参考。

2 烘焙的时间上，我设置了50分钟，如果红薯块头比较大的话，可能时间需要再长点，一般可以闻到烤红薯的香味了，就说明红薯基本快烤好了。

3 番薯可按自己的喜好来选择，番薯的品种有高山番薯、红薯、紫番薯、黄心番薯等，红薯最适合用来烤，汁水多而香甜。

零失败必看

1 蛋白霜一定要在糖浆快熬好的时候打，打早了蛋白霜容易消泡，打晚了糖浆会变凉变硬。

2 从糖浆冲入蛋白霜开始，后面所有的步骤都要迅速，一气呵成。

3 糖浆熬得好不好直接决定糖的口感好不好，糖浆熬得不到位，糖不容易成形，吃起来粘牙，熬过头的话容易发苦。

妈妈的小叮咛

1 花生的量多点少点问题不大的。

2 花生可以在炒锅中炒熟，不一定要用微波炉的，或者直接买原味的熟的花生即可。

"我妈妈居然会做糖"

牛轧糖

自己做的牛轧糖，真心好吃；做过糖之后发现，牛轧糖的含糖量那叫一个高；最大的制作心得不是锅铲比较难洗，而是千万别在夏天做牛轧糖。

材料：花生400g，麦芽糖200g，白砂糖200g，蛋清一个半，水80g

1 炒花生

将花生放入微波炉用中火转5分钟，转至花生全熟有香味。取出花生，晾凉，用手搓去花生衣。

2 做糖浆和打蛋白

将水、白砂糖、麦芽糖倒入不锈钢锅中，小火边煮边搅拌。小火煮50分钟左右，糖浆从乳白色变成浅咖啡色，由稀变为浓稠。用筷子蘸一点糖浆，浸入冷水中，可以迅速结成硬块，糖浆就熬好了。在快熬好糖浆的时候，将蛋白打成蛋白霜。将熬好的糖浆趁热倒入蛋白霜中，快速搅拌均匀。

3 开始做牛轧糖了

将花生加入搅拌好的糖浆中，用刮刀快速搅拌均匀。烤盘上铺上一张油纸，将搅拌好的花生糖浆倒在油纸上。再盖上一张油纸，用擀面杖压平整。待其冷却后揭去油纸，用刀切块，将切好的糖块包入糖纸，入密封袋子保存即可。

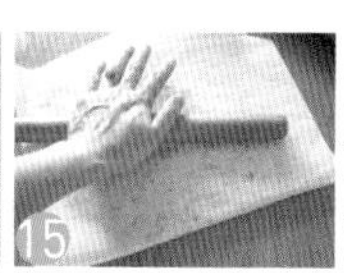

零失败必看

1. 觉得切花形比较麻烦的话，可以直接对切开。
2. 觉得挑核麻烦的话，可以不挑，但是口感有所影响。
3. 建议使用不锈钢锅、砂锅等，不可用铁锅。
4. 加水煮，可以防止粘锅，翻拌不要太频繁，以免金橘花形被破坏掉。
5. 一次不要吃太多，尽快吃完，不要储存太久。

有止咳化痰功效的零食

糖渍金橘

饮水思源，每次看到自己写的这篇文章，便会想起贤惠能干的莉莎。我是从她那儿学来的配方。糖渍金橘非常的好看、好吃，最主要的是还有一定的止咳化痰功效，吃上一口，喉咙会很舒服。

材料：新鲜金橘1000g，白砂糖40g，冰糖40g，清水50ml

1 去核有方

a.将金橘摘去蒂头，用清水清洗干净，然后在淡盐水中浸泡10分钟。

b.将金橘沥干水分，用刀在金橘上均匀地划5～6刀，然后用手捏扁，用牙签把金橘核从捏扁的缝隙里轻松地挑掉。

c.将所有切好捏过的金橘放进一个大碗里，撒上白砂糖，用筷子拌匀，然后盖上保鲜膜，放入冰箱冷藏腌制24小时。

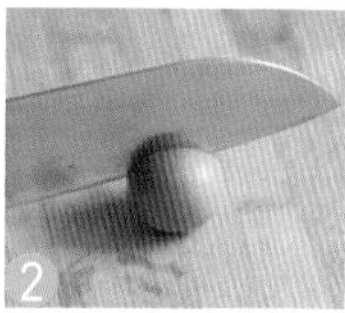

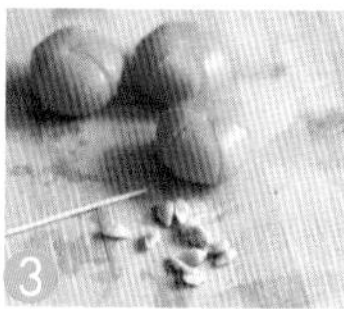

2 小火慢熬

a.24小时后将金橘取出，倒入不锈钢锅中，加入清水50ml，再加入冰糖40g，盖上盖子，开中火煮开然后转小火。

b.继续用小火煮大概20分钟，金橘会开始慢慢变软，水分会蒸发，汤汁变黏稠，要悠着点煮。

c.要适当翻动和按压金橘，但不要过于频繁，以免花形被破坏，保证不粘锅底就行。

d.在汤汁还剩一点点的时候，关火。切记不要完全煮干，会煳底的。

e.取出来的时候，可以用筷子一个个夹出来，顺便夹夹扁，做一下造型。

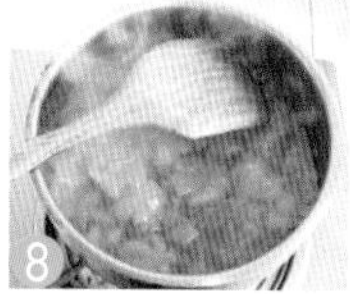

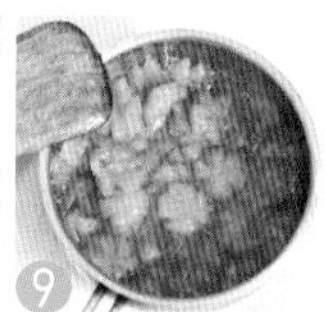

零失败必看

1 边角料可重新揉成团再反复做饼干。饼干模具可以在网上购买。
2 饼干的大小与厚度直接影响烘焙的时间和温度，须按实际情况操作。
3 烤饼干最好选用油纸，我做的时候油纸用完了，就用锡纸代替了。

"我和妈妈一起做的呢"

hello kitty 饼干

认识烘焙达人闻妈有几年了，从她那里学到很多的烘焙知识，有次看到她做的kitty饼干，很羡慕，于是就学习了。

材料：黄油90g，蛋液75g，低筋粉200g，糖粉70g

1 和面有方

a.将黄油软化，加入糖粉，低速打至黄油与糖粉融合，体积轻盈。

b.分3次加入蛋液，低速将蛋和黄油糖粉混合物打至蓬松状态。

c.筛入面粉，用手直接拌匀，揉成面团，揉时不要过分揉捏，成团即可。

d.盖上一层保鲜膜，放入冰箱冷藏30分钟。

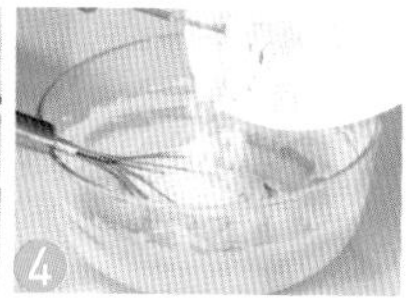

2 印模有方

a.案板上裹上一圈保鲜膜，取约拳头大小的一块面团，放置保鲜膜上面，再盖上一层保鲜膜，用擀面杖擀成3mm厚度的面片。

b.用饼干模具，在面片上按出饼干，撕去多余的边角料，用刮刀铲起生的饼干，将它码入铺有锡纸的烤盘上，依次将一盘的量做好。

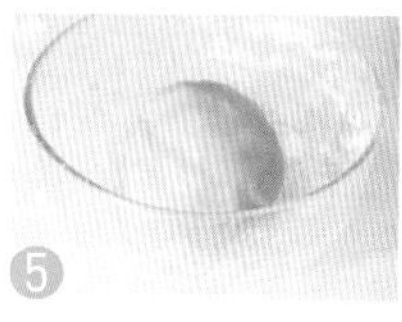
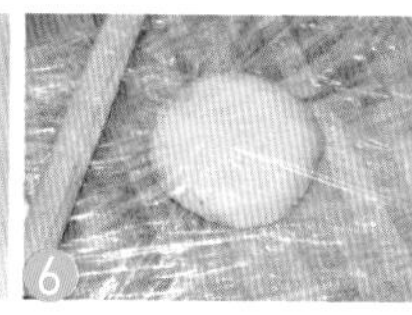
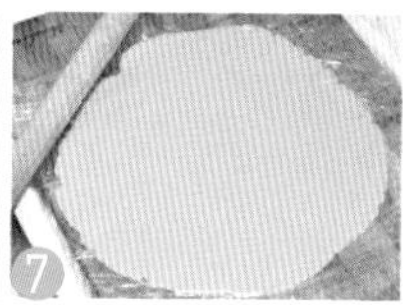
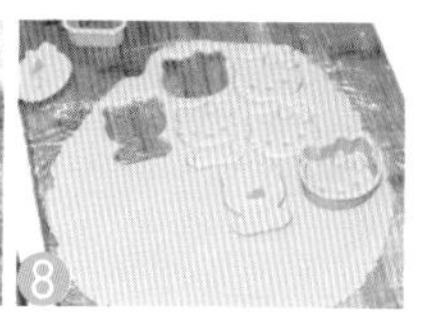

3 烘焙有方

送入预热好的170度烤箱，中层，上下火烤15分钟。（时间和温度仅供参考。）

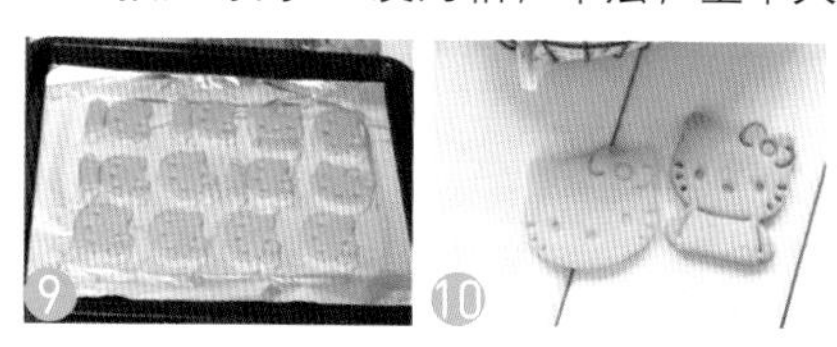

手工冰激凌制作：将做好的冰激凌液入冰箱冷冻仓冷冻，1小时后取出，用打蛋器打3分钟，再次入冰箱冷冻，1小时后再次取出，用打蛋器打3分钟，反复3～5次，直至冰激凌体积膨大并变成柔软的固态即可。

"我妈妈居然会做冰激凌"

自制芒果冰激凌

每个孩子都逃不过冰激凌的诱惑，我家的也一样。看到孩子外出老想吃冰激凌，想到有可能是反式脂肪酸，不给吃又觉得可怜，于是决定自己研究着做做看。多次尝试后，发现原来是件超级简单的事情，吃着还特放心。

材料：芒果肉200g，淡奶油160g，牛奶200g，白砂糖50g

准备工作：我使用面包机配套冰激凌桶，按说明书要求，将冰激凌桶在冰箱冷冻仓内提前冷冻一晚上。用冰激凌机的朋友可省略这一步，使用时直接开启即可。

1 所有材料搅拌下

将芒果肉切小块，和牛奶、淡奶油、砂糖一起倒进搅拌机，搅拌成浆糊。

2 倒入冰激凌桶

把冰激凌桶从冰箱冷冻仓取出，装入搅拌刀，将冰激凌糊立即倒入冰激凌桶，盖好盖子，立即放入配套的面包机内，立即启动冰激凌键，设置30分钟。（用冰激凌机的朋友可直接启动冰激凌机，没有冰激凌机也没有我这款带冰激凌功能的面包机的亲，可以用打蛋器手工制作，详见：零失败必看）

3 可以开吃啦

搅拌好的冰激凌可以吃了。也可以将做好的软体的冰激凌装入裱花袋中，挤入一次性冰激凌杯子中，盖好，放入冰箱冷冻保存，随取随吃。

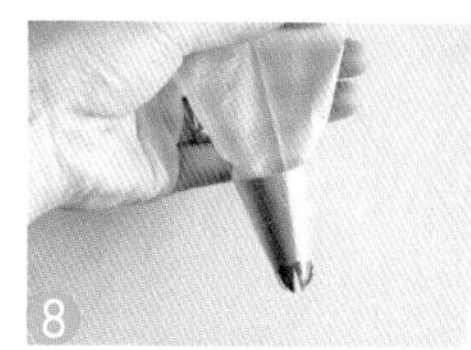

没有比这个更简单的了

超简焖板栗

秋天是产板栗的时节。最美好的事情就是能做一些当季的零食来吃，吃得香还吃得健康！

材料： 板栗500g

1 剪一道口子

将板栗清洗干净，沥干水分。用剪刀在板栗的头上剪出“十”字形（注意安全哦），装入锅中。

2 不开盖，小火焖

开小火，慢慢升温，中间不开盖，每隔3分钟摇晃几次锅，可以使板栗受热均匀。

3 板栗开口冒香气啦

小火烧10～15分钟，关火焖5分钟，即可开盖吃了。

1 从板栗的大小、数量，以及锅的厚度、保温性来考虑烧制的时间长短，一般以闻到浓郁的板栗香气为标准。熟透的板栗“十”字口是张开的，时间一般在10～15分钟之间。

2 选择保温性比较强的锅，如厚铁锅、铸铁锅、三层以上厚的不锈钢锅等。

妈妈的小叮咛

熬糖浆的锅可以用热水洗。也可以泡上一锅水，第二天自然融化了再洗。

零失败必看

1 烤箱温度和时间仅供参考，因为每家的烤箱估计都不一样。
2 糖浆一定要趁热倒入瓶子中，不然冷了就凝固了。
3 烤盘水必须没过瓶子2/3高度，不然布丁会有气泡。
4 烤的时候上面盖张锡纸，表面会烤得特别嫩，不起皮。

小女生的最爱

焦糖布丁

太喜欢君之了。我和女儿都很爱吃焦糖布丁，一直以为这个做起来很难，没敢尝试。直到看了他的方子感觉很简单，就做了一下，发现不但做法超级简单，主要是那味道，跟买的一模一样。自己做的，用料清清楚楚，新鲜卫生，放心又好吃。

材料：鸡蛋3个，白砂糖45g，淡纯牛奶1罐（250ml）
焦糖部分：白砂糖80g，清水80g

1 准备制作蛋奶液

将牛奶和白砂糖拌匀至砂糖完全融化，可在温水锅里隔水加热以加快融化。加入搅拌好的蛋液，反复搅拌，然后用过滤网过滤两次，放在一边备用。

2 熬糖浆

小锅中倒入80g白砂糖和80g清水，小火熬煮糖浆。待5～10分钟后，糖浆开始有点发黄，立即关火，将糖浆趁热倒入准备好的耐热瓶子。再将蛋奶液倒入瓶中。

3 布丁水浴

准备深烤盘。将瓶子放里面，在烤盘加水至瓶子的2/3高度。放入预热好的烤箱，中层，上下火，150度烤35分钟。

妈妈的小叮咛
核桃油脂含量高，并且裹了大量的糖在上面，所以建议每次吃不要超过5颗。

怎么做都成功

糖霜核桃

核桃富含不饱和脂肪酸，营养也相当丰富，尤其适合快速成长的小孩子，益智健脑。

材料：生核桃仁100g，冰糖50g，色拉油适量，清水60ml

1 炸核桃

准备两口锅，一个锅里热油，四至五成热时放入核桃，将核桃用小火炸熟，捞出，沥干油分。

2 熬糖浆

另一个锅中放入敲碎的冰糖，加入60ml清水，小火煮至冒粗泡，颜色略微发黄。

3 裹糖霜

糖浆锅里放入核桃，翻炒片刻即可看到糖浆变成白色了。出锅晾凉，装入密闭容器保存即可。

零失败必看

1 炸核桃的时候一定要用小火，用大火容易焦掉。
2 核桃上的糖霜容易受潮，必须密封保存。

妈妈的小叮咛

1. 竹签在超市卖烧烤材料的位置可以找到。
2. 小孩子请在成人监护下使用竹签，注意安全哦！

难忘的快乐童年

糖葫芦

小时候，会整个村地追着卖糖葫芦的人跑，买不起，我看得起！现在才发现，糖葫芦这玩意儿，做起来原来是如此的简单。自己做的糖葫芦，一串上可以有很多种类的水果，每种水果都是自己新鲜选购，洗得干干净净，孩子吃起来特别放心。

材料：新鲜山楂30颗，竹签6～10根，白砂糖250g，清水适量

1 熬糖浆

锅中加入白砂糖并加水没过砂糖，开小火边搅拌边煮糖浆。糖浆熬到发黄浓稠，用筷子蘸一点放入冷水中，糖浆能迅速结成硬块的，糖浆就熬好了。

1

2

2 串山楂、裹糖衣

将山楂插在竹签上，放入糖浆里裹一圈，可将锅子侧过来，这样容易裹糖浆。将裹好糖浆的山楂放于抹过水的平面上。15分钟后即可平移提起来吃了。

3

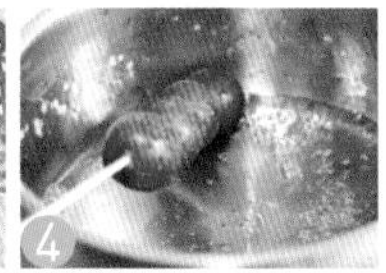
4

5

1 要选个头均匀的当季新鲜水果。

2 建议使用浅点的锅熬糖浆，裹糖浆时，可以一下就裹全。

小家伙们看电影的必备哦

爆米花

自制的爆米花会让人比较放心，因为自己很清楚用了什么油，放了多少油，用的什么糖，放了多少糖，还可以很确定有没有把渣子霉粒给过筛挑掉。另外，想吃多少就做多少，不浪费。

材料：色拉油25g，玉米粒60g，糖粉或者砂糖15g

就是这么简单

a. 将锅清洗干净后用毛巾擦拭干净。锅中倒入玉米，再倒入色拉油，用铲子拌匀，使玉米均匀地裹上油脂。

b. 盖上盖子，开大火烧2～3分钟的样子，开始听到噼啪声，转成中火。一直到不再有噼啪声了关火。

c. 打开盖子，撒入糖粉或者砂糖，用铲子翻拌均匀，或者按牢盖子摇晃锅来拌匀糖分即可出锅了。

零失败必看

1 这种冷锅冷油开始做的方法，不适合提前放糖。

2 “噼啪”声完之前不可开盖子，开盖后不要把脸凑得太近，万一底下还有没爆完的，容易飞溅出来。

3 玉米粒选择如图片这样的干玉米粒，类似锥形的，不用清洗。

1 在绿豆快煮好的时候开下大火，绿豆壳就会浮上水面，这个时候可以捞去80%的绿豆壳。

2 想要口感细腻的话，可以将煮好的绿豆汤放入搅拌机搅拌成浆糊再倒入棒冰模。

妈妈的小叮咛

虽然是夏天，但是冷冻食品还是要少吃，建议每次1支即可。

"是我亲手做的哦！"

自制绿豆棒冰

超级简单的自制绿豆棒冰，只要到超市买个棒冰盒子，回家就100%能成功做起来哦。

材料：绿豆100g，冰糖70g，清水1L

1 煮绿豆

绿豆浸泡3个小时，清洗干净。将绿豆、水和冰糖放进炖汤锅中，大火烧开后转小火炖半个小时。捞去浮在表面的绿豆壳，

2 装棒冰模

等煮好的绿豆汤冷却后，装入洗干净的棒冰盒子里，装九分满。盖上盖子。

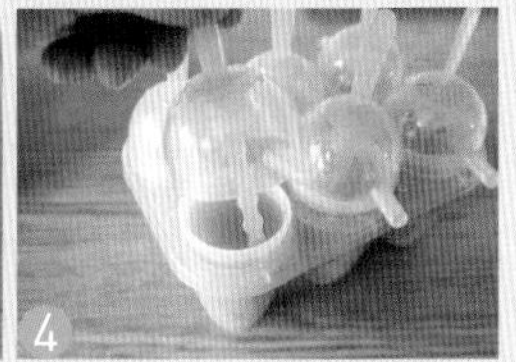

3 冻一冻就好啦

送入冰箱冷冻，6个小时左右，可以完全冻硬。要吃棒冰时，先将棒冰盒子取出在常温里放上1分钟，棒冰会和盒子壁自动脱离，棒冰很容易取出。

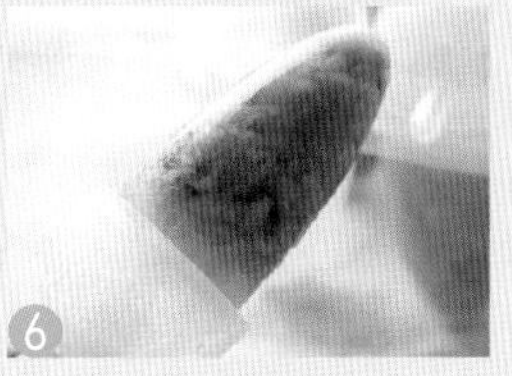

妈妈的小叮咛

这是高糖食品，一次吃1块比较合适，千万不要吃多了哦！

开胃消食好零食

琼脂山楂糕

胃口不太好的孩子，吃点用山楂做的零食，可以增强食欲哦。

材料：新鲜山楂750g，白砂糖80g，冰糖420g，干琼脂30～40g，清水适量

1 去核有方

将山楂洗干净摘去梗子，对开剖，挖去籽。将山楂倒入不锈钢锅中，加入白砂糖拌匀，盖上保鲜膜放入冰箱冷藏24小时。

2 入锅熬制

将糖腌一天的山楂倒入不锈钢锅中，加入一大碗清水，倒入打碎的冰糖，用小火边煮边搅拌，熬到山楂很烂的状态，加入泡软的琼脂，继续搅拌熬煮到很浓稠的状态就可以关火了。

3 冷藏切块

晾凉后装入耐高温碗中，完全冷却后放入冰箱冷藏半天，即可切块食用了。

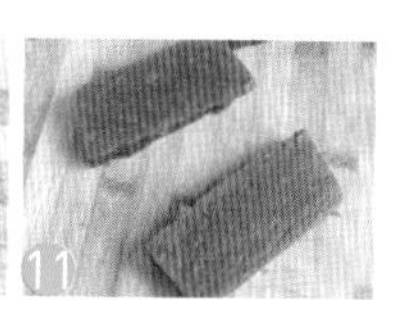

零失败必看

1 熬山楂酱，一定要用小火，特别是加入糖之后，火大了很容易煳，而且要经常搅拌。

2 密封保存，尽快食用。

零失败必看

火力一定要小，哪怕最小的火，也要注意看护，小心煳底。第一次做的朋友估计会摊不好松饼，需要经验的累积，熟能生巧，千万不要气馁。

清水可用牛奶代替，中间的夹馅可以是各种各样的。

打蛋液这一步中，可以将蛋液打发到两倍大，也可以不打发，打发的话，后期做出来的铜锣烧会更蓬松。

每个孩子都喜欢哆啦a梦

铜锣烧

大雄的好朋友是谁？是哆啦a梦！哆啦a梦最喜欢吃什么？是铜锣烧！曾经看到过一个很感人的情节。若干年之后，大雄老了，病死之前对哆啦a梦说：“你回到未来，好好生活去吧。”但是哆啦a梦并没有回到未来而是坐时光机回到大雄小时候，对大雄说：“你好，我叫哆啦a梦，请多指教！”

材料：鸡蛋2个，低筋粉150g，白砂糖40g，泡打粉1g，无气味色拉油10g（也可用融化的黄油），蜂蜜10g，水30～50ml

1 面糊要调准了

a.将鸡蛋打成蛋液，加入白砂糖，继续打匀，再加入色拉油打匀，最后加入蜂蜜打匀。

b.筛入低筋粉和泡打粉，切拌均匀成面糊，你会发现面糊有点稠，加入30～50ml清水。调稀面糊，调整到如图状态，提起面糊可以自然垂滴下。

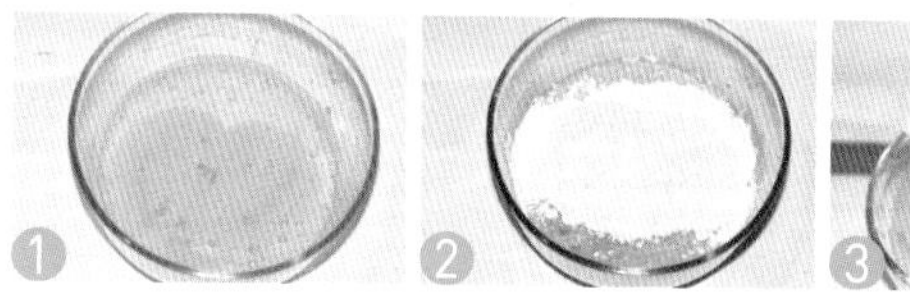
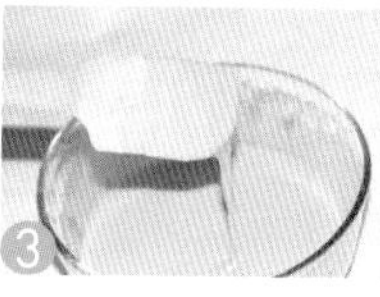
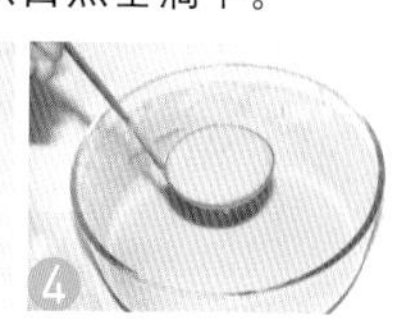

2 平底锅烙饼

准备一平底锅，开小火，兜入一勺面糊，慢慢烘熟。你会看到面糊开始蓬起，面糊基本熟时有明显气孔，将它翻面再烘一会就可以出锅了。

3 夹上好吃的馅

取豆沙抹在面饼中间，两个盖在一起，铜锣烧就算是做好了。

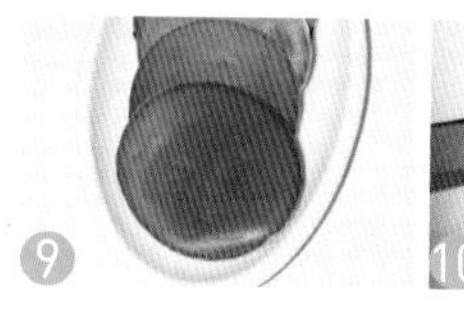
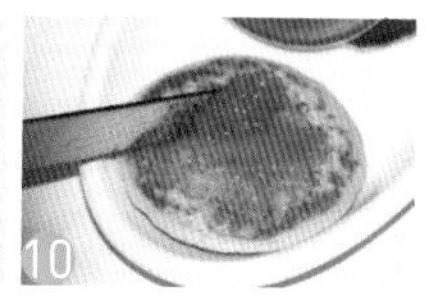

妈妈必学的最基础蛋糕

基础戚风蛋糕

这年头，你要是不会个最基础的蛋糕，还真是out了，这里教大家做最简单和基础的蛋糕。学会后，立马让你从老妈变成女神！值得提醒的是，我们制作蛋糕底，一般选用蛋白较多的普通新鲜鸡蛋，而非蛋黄较大的土鸡蛋哦！

材料：鸡蛋3个，白砂糖50g，细砂糖20g，色拉油30g，牛奶30g，低筋粉50g，白醋几滴

模具：6寸阳极活底模

烘焙：170度，40分钟，中层、上下齐烤

1 蛋白霜阶段

将蛋白和蛋黄分离在两个干净的无水无油的盆中，蛋白中不要混入蛋黄，蛋白中加入白醋，用电动打蛋器打至粗泡状态，加入1/3的白砂糖，打至细腻的泡沫，再加入1/3白砂糖，继续打至起纹路状态，把剩下的白砂糖加入，继续打至非常细腻的干性发泡（把蛋头从蛋白霜中拉起，有直立不倒的尖角）。

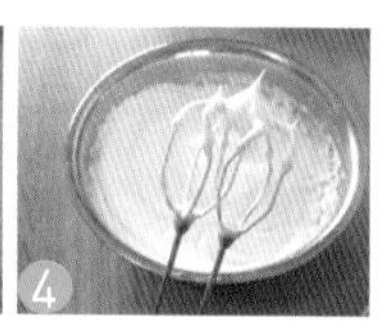

2 蛋黄糊制作

3个蛋黄里加入20g细砂糖，打匀至蛋黄颜色变浅，边搅拌边加入30ml色拉油，再边搅拌边加入30ml牛奶；筛入50g低筋粉，用蛋抽搅拌均匀至光滑细腻无颗粒状。

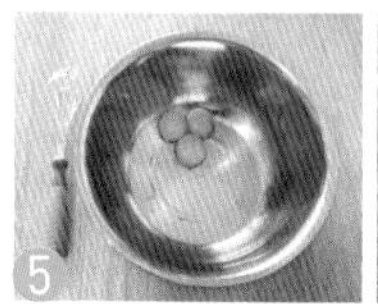

3 面糊混合

挑1/3蛋白霜到蛋黄糊盆中，切拌完全均匀后再挑1/3蛋白霜到蛋黄糊盆，继续切拌均匀；然后将蛋黄糊倒入剩下的蛋白霜中，切拌均匀至光滑细腻无颗粒。将混合面糊倒入6寸活底模中，倒八分满，在桌面上轻磕几下模具，震出气泡。

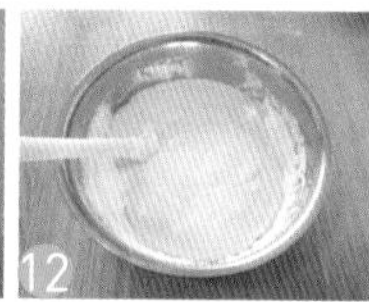

4 烘焙脱模

送入预热好的烤箱，开始慢慢膨胀、略上色；快烤好的时候略回缩。烤好了，立即戴上隔热手套，从烤箱中取出蛋糕，放桌子上轻摔一下，然后倒扣在烤架上；晾至完全冷却，可以脱模了。借助脱模刀或者适合的刀具来脱模。

“香香甜甜的很好喝”

草莓水果杯

春天的时候，可以和孩子一起去摘草莓，草莓摘回来之后，我们就可以邀请孩子一起制作简单的草莓美食。既培养了孩子的动手能力，又增加了亲子互动时间。

材料：各种水果适量

就是这么简单

a.不去皮的水果要反复清洗干净，这个时候可以叫孩子参与哦！

b.将所有的食材切成小块。装进可爱的杯子中，然后淋入一杯酸奶即可。

1

2

3

4

零失败必看

1 吃这个水果杯时，如果孩子还是会把不喜欢的水果挑出来，那妈妈可以将水果杯打成浆再给孩子吃。

2 水果的种类可以按自己的喜好和季节变化进行增减和更换。

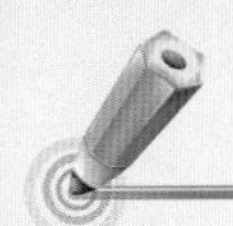

@开心三姐弟的围脖

祝福语：我亲爱的宝贝开心快乐每一天，每一天都是一个美好的回忆！

@小胖豆的娘

祝福语：冬天里的小豆苗突破严寒来到这个世界，愿你在今后的日子里健康快乐地茁壮成长。

@葡萄的自留地

祝福语：宝贝，你是独一无二最珍贵的宝贝，你不需要成为什么我们才爱你，我们爱你是因为你就是你。宝贝，有你真好！感谢有你！

@佑希尔

祝福语：愿超超宝贝在营养美食中健康快乐成长！^_^

@航妈

祝福语：儿子，你阳光般的笑脸是爸爸妈妈最欣慰的，尽情享受快乐无忧的童年吧，爱你！

如何挑选零食

1 一定要看保质期。在买零食的时候，一定要看保质期哦。子瑜妈妈本人就买到过过期的食物，自那以后，每次都看，多次避免了买到过期或即将过期的食物。

2 选择健康的零食。牛奶、乳酪适当吃点能补钙。核桃、杏仁、松子等能补微量元素。

3 各种时令水果是最健康的零食。尽量不要吃人们会常常以“垃圾食品”称呼的一些零食，如泡面、薯片、膨化食品等。

4 要看包装上成分表。在超市买食物时，我每次除了看生产日期，另外必看的就是成分表，添加剂越少越好。

第7章

今天是个特殊的日子

每个人的小时候，总有那么几个日子是难忘的，比如生日、过年、中秋……因为在这样的日子里，可以吃到和平时不一样的美食，令人期待，各种美好，现在该轮到我们为孩子制造暖暖的回忆的时候了。

妈妈的小叮咛
冰皮粉网上和烘焙店都可以买到，也可以自制，请参考本书中秋节部分。

年年有余

如鱼莲蓉糕

春节到了，阳台上晾着年货，冰箱也全都塞满了，好有过年的感觉呀！餐桌上的鱼是必不可少的，这道如鱼莲蓉糕在鱼形模具的辅助下，制作起来简单又有型。喜气洋洋的小鱼糕是孩子们过年最爱的点心啦。

材料：冰皮粉100g，白油10g，矿泉水100g，莲蓉馅100g

1 和冰皮面团

将冰皮粉倒入盆中（留少量粉撒在鱼形模具上），冲入矿泉水，用筷子搅拌成团。戴上一次性手套，将面团反复揉搓5分钟，加入白油，继续揉5分钟成光滑的面团。

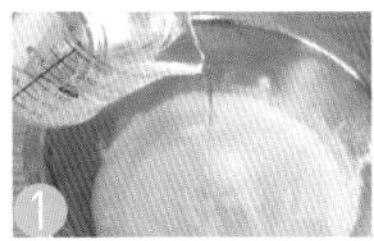

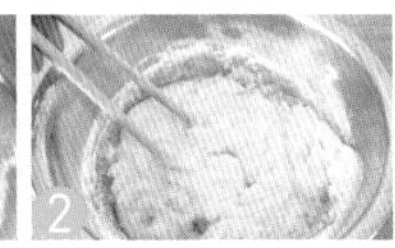

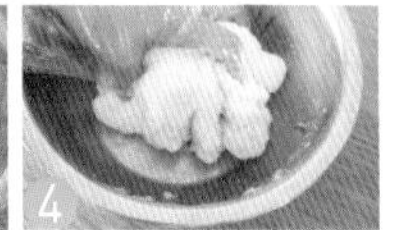

2 整出长条来

准备好可以放100g冰皮粉的鱼形模具，撒上一层冰皮粉防止粘连。取50g冰皮粉团放在手心，按扁，包入50g莲蓉馅，搓成长条形（如图）。用剩余面团和莲蓉馅可以再做一个，好事成双。

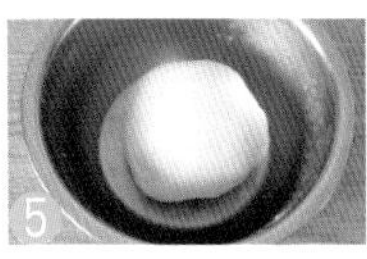

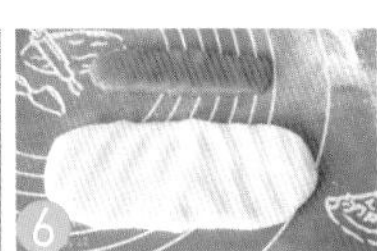

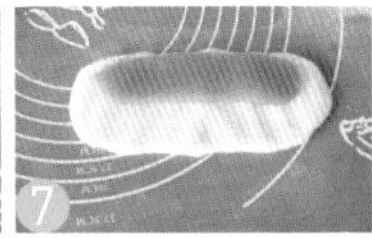

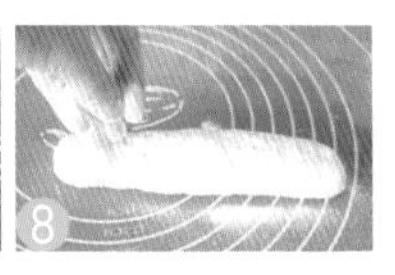

3 入模与脱模

将长条冰皮莲蓉糕按入模具，按压紧实，倒扣出来，即成了鱼形莲蓉糕。

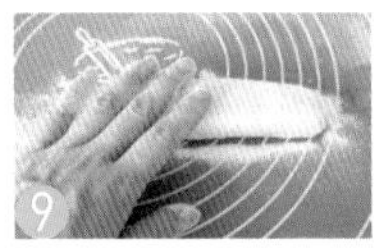

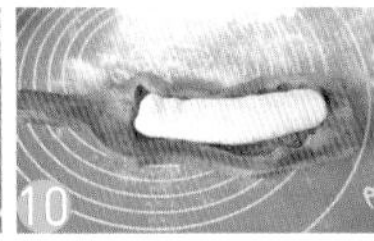

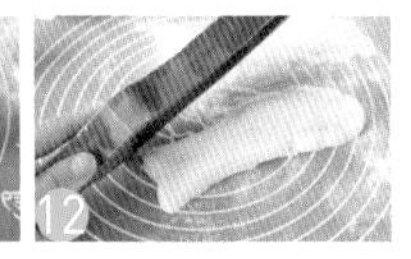

莲蓉馅和冰皮粉都是网上烘焙店买的，想购买的朋友搜索“莲蓉、冰皮粉”等关键字即可买到。

妈妈的小叮咛
1 儿童请在成人监护下吃汤圆哦！
2 汤圆为糯米食品，不要吃太多哦。

看看都觉得好吃的

水果小汤圆

QQ口感的糯米小汤圆，加入五颜六色的各种水果，看起来就很好吃哦。这道小汤圆在乍暖还寒的元宵节，撇去了水果的寒冷，下肚暖暖的，还补充维生素,非常值得一试哦。

材料：小汤圆、水果适量

就是这么简单

a.将水果切成小丁，烧开一锅水，下入小汤圆，待汤圆浮在水面时，即煮好了。

b.将煮好的小汤圆盛入碗中，适当加入些煮汤圆的热汤，将水果撒在上面，拌匀即可吃啦。

c.还可以加点糖，更甜蜜哦。（水果也可以一同煮下再吃的）

零失败必看

1 圆形模具是家中随意找到的烘焙用具，如果实在没有，可挑战下徒手搭圆圈。
2 喜欢用沙拉酱的话也可以用沙拉酱代替醋味汁的配方。
这款沙拉里的蔬菜种类可按自己的喜好再作调整，做出自己最喜欢的味道。
这款沙拉以含水分多的蔬菜为主，所以需要现做现吃，不宜久放。

幸福的七彩童年

彩虹造型菜

虾仁和黑木耳含丰富的蛋白质，彩椒含丰富的维生素，松子富含不饱和脂肪酸，紫甘蓝富含花青素，土豆富含淀粉能量，再淋以促进营养吸收的醋和橄榄油，此款沙拉营养全面，膳食纤维丰富，可以很好地增强体质，提高人体免疫力。
另外，这里将沙拉制成彩色的花环，希望给人带来心情的愉悦和生活的激情。

材料：毛豆、土豆、青椒、红椒、黄椒、紫甘蓝、胡萝卜、黑木耳、虾仁、白菇各30g，橄榄油20ml，酱油10ml，醋15ml，盐0.5g

1 把食材都弄熟

a.新鲜明虾焯水，剥去壳，切成小颗粒的虾仁肉备用。

b.将胡萝卜和土豆切小粒，放入平底盘中，再放上剥好的毛豆，入微波炉转5分钟，取出晾凉备用。

c.将白菇和黑木耳在开水中焯熟，捞出晾凉切成小丁备用。

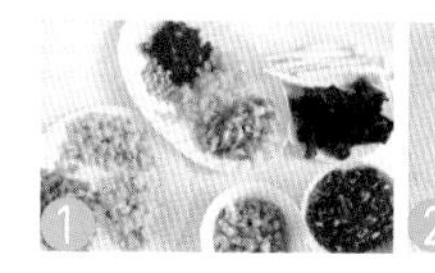
1

2

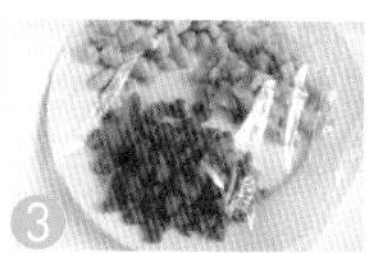
3

4

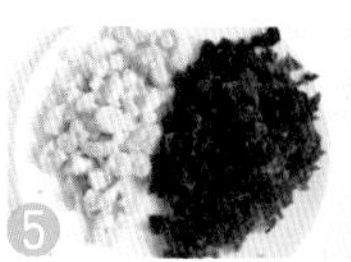
5

2 装入模具

找一个大的平底盘，找出圆形模具，没有模具的话，可以挑战下徒手搭圆圈。将所有的材料依次码入圆环中，用勺子背按压紧实。

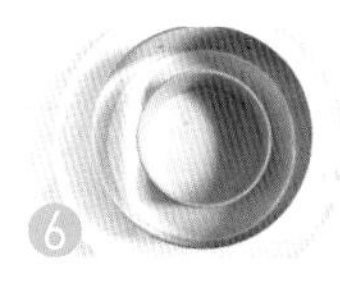
6

7

8

3 调个美味的汁

取一小碗，倒入酱油10ml、醋15ml、盐0.5g，朝同一方向搅拌均匀，最后加入橄榄油20ml，搅拌均匀。将调好的味醋汁淋在做好的沙拉环上，脱去模即可开吃啦。

9

10

春天里的甜蜜蛋糕

草莓蛋糕

春天的3月，我和孩子会一起去农场摘草莓，小屁孩会把草莓一个个都捏个遍，然后我就被迫连夜熬草莓酱，没坏的几个，第二天可以用来做草莓蛋糕。我觉得草莓蛋糕，在某种层意上，代表了空气中充满着淡淡清香的春天，很清新的感觉。

材料：8寸戚风：鸡蛋5个，白砂糖80g，色拉油50g，牛奶50g，面粉80g，盐0.5g，白醋1g

1 蛋黄糊

将蛋黄与蛋白分到两个干净无水无油的盆中，先开始做蛋黄部分。在蛋黄中加入30g白砂糖，搅拌均匀，加入牛奶搅拌均匀，加入色拉油搅拌均匀，最后加入面粉切拌均匀，放置一边。（液体部分也可以一起加入搅拌均匀）。

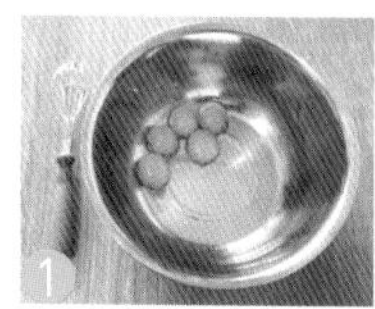

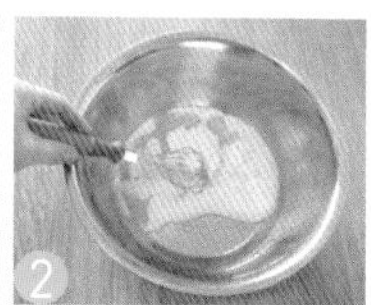

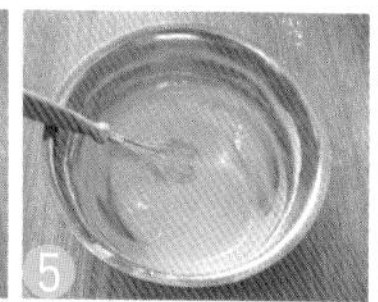

2 蛋白霜

5个蛋白用电动打蛋器打至粗泡状态，加入20g砂糖，打成细腻的泡沫，再加入20g糖，继续打至起纹路状态，把剩下的糖加入，继续打至干性发泡（干性发泡：把蛋头从蛋白霜中拉起有直立不倒的尖角）。

3 混合与入模

挑1/3蛋白霜到蛋黄糊盆中，翻拌完全均匀后再挑1/3蛋白霜入蛋黄糊盆，继续翻拌均匀；然后将蛋黄糊倒入剩下的蛋白霜中，翻拌均匀至光滑细腻无颗粒。

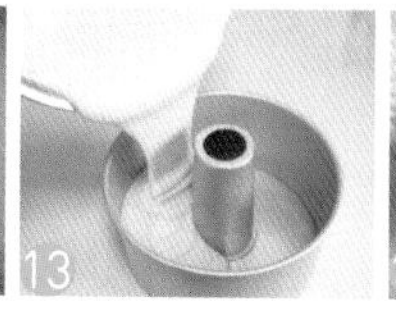

4 烘焙与脱模

送入预热好的烤箱，上下火170度，放下层，40分钟。烤好后戴上隔热手套，从烤箱中取出蛋糕，放桌子上摔一下，然后架空倒扣在烤架或瓶子上。晾至完全冷却就可以脱模了。脱模可借助脱模刀。

15

16

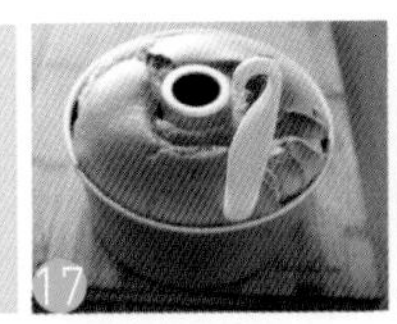
17

18

19

5 装裱过程（18cm中空戚风1个，淡奶油200ml，小巧的草莓几颗，细砂糖30g）

将奶油倒入盆中，加入砂糖，用蛋抽朝一个方向打至奶油体积略膨起呈纹路状态（类似酸奶的状态即可），将草莓对切开，将奶油淋在戚风上，然后盖上草莓即可。

20

21

22

23

24

零失败必看

1 蛋白中不要混入蛋黄。盛蛋白的盆要保证无油无水，打蛋器上也不可沾水。
2 两种面糊拌在一起时一定不可以转圈圈哦，不然会消泡泡的，要上下翻拌。
3 倒入蛋糕模具的时候，端起来轻磕几下，可以排出面糊里的气泡。
4 蛋糕烤好必须立即倒扣，不然蛋糕会凹进去。
5 烤箱温度仅供参考，一般的家用小烤箱，温度都偏高些，建议调低点再烤。

妈妈的小叮咛

这里用的是现成的冰皮粉和现成的月饼馅，还需要月饼模具和厨房秤，这些在网络烘焙店里都可以买到。

“妈妈教我做月饼”

冰皮月饼

刚有冰皮月饼那阵，感觉这玩意儿真是月饼界的白富美，外形漂亮，孩子又爱吃。待自己一翻研究之后，发现做起来也没有想象中那样难。漂亮的冰皮月饼摆上桌，在小朋友无限崇拜的目光中，过一个团团圆圆的中秋节啦。

材料： 熟紫薯粉10g（没有紫薯粉可用冰皮粉等量替换，或者可换成可可粉、抹茶粉等），冰皮粉200g，矿泉水或凉开水210g，白油20g，桂花山药馅适量

1 和面

将熟紫薯粉和冰皮粉混合，冲入水，搅拌成团。戴上一次性手套，将面团揉光滑，加入白油，继续揉2分钟左右，再次变得光滑。

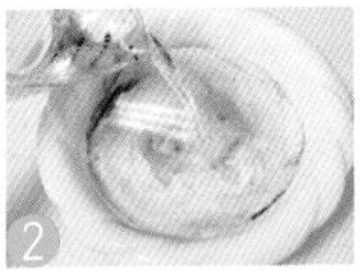
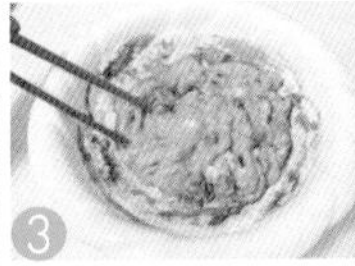
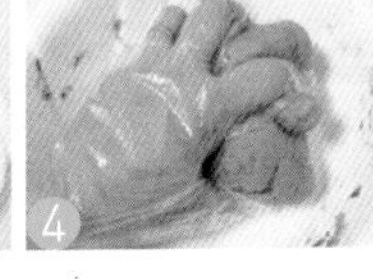
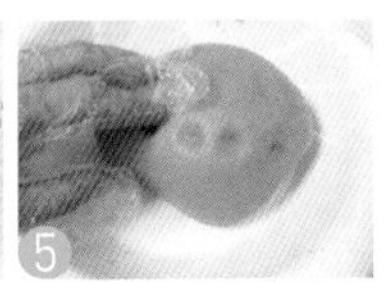

2 搓圆

将面团分割成每个20g的小面团，搓圆备用，必须使用厨房秤来一个个称量过哦。将现成的桂花山药馅分割成每个30g，搓圆备用（同样要全部过秤）。

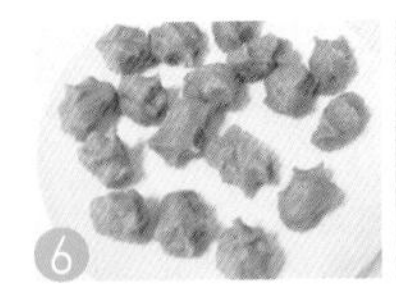

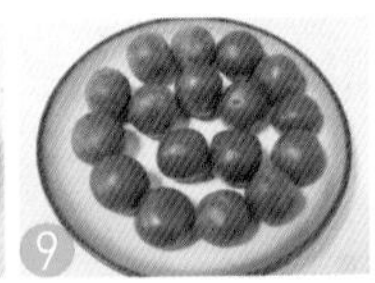

3 包馅

将冰皮面团按扁，包入月饼馅，搓圆，在熟的糯米粉中滚半圈，然后用手再次搓圆，搓去多余的粉末。

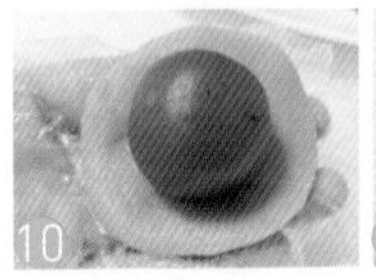
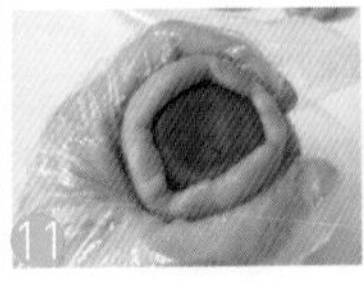

4 印模

将圆球状月饼套入50g的月饼模，按下，提起，脱模即可。

零失败必看

1 每次食用建议不要超过两颗。冰箱冷藏保存，可放48小时左右。建议一次不要做太多，现做现吃比较好。

2 月饼模有50g、60g、100g、120g等各种型号，所以在制作月饼球的时候要全部秤过，使用模具时也要选择相应克数的。

附自制冰皮配方做法

材料： 糯米粉50g，大米粉50g，小麦淀粉25g，白砂糖10g，色拉油20g，牛奶160g，炼乳30g

1 蒸面团

将所有材料混合拌匀至无颗粒状。隔水蒸面糊，期间搅拌3～4次，搅拌到非常黏稠，停止搅拌，再蒸个10分钟左右。取出面团，晾凉。

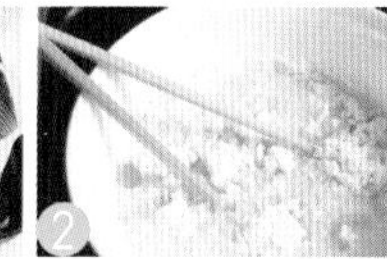
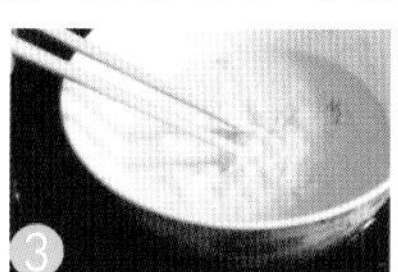

2 揉面团

面团凉透后，过秤，将面团分成每个25g重（这是月饼皮的分量，可按自己的喜好增减）的小面团。如果要加颜色的话，这个时候将颜色揉进面团里即可。接下来包月饼和压模的方式跟前面的紫薯冰皮月饼完全一样。

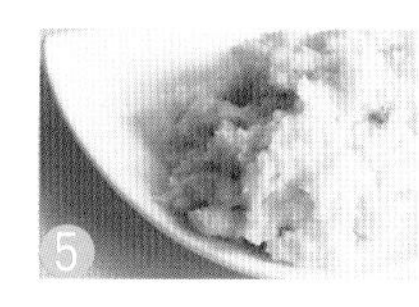
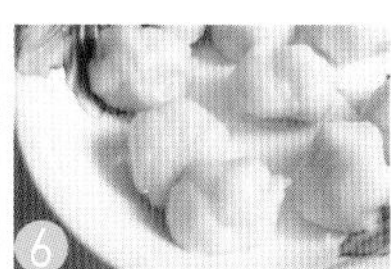
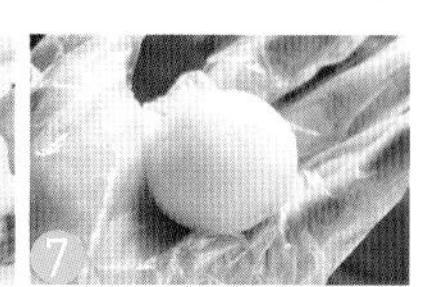

附自制月饼馅（豆沙馅做法）

材料：红豆250g，白砂糖100g，猪油180g，清水500g

1 煮豆

将红豆清洗干净，用500g清水浸泡半天，然后连同浸泡的水一起入电饭煲，按煮粥键或者炖汤键，煲1小时。在炖好的红豆中加入白砂糖，搅拌均匀，直至融化，晾凉后，连汤一起倒入搅拌机，将它打成细腻的豆沙泥。

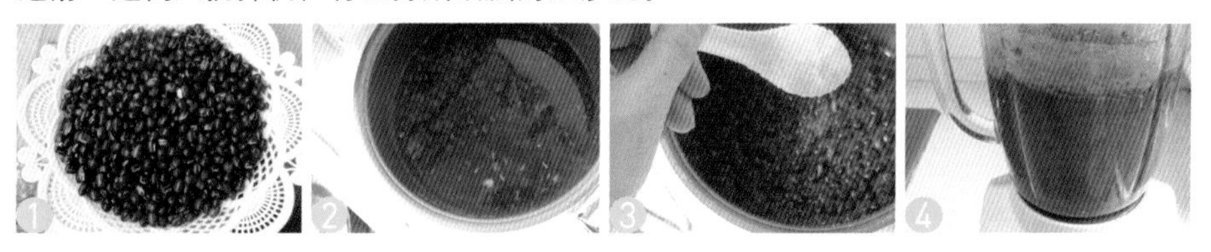

2 炒沙

a. 不粘锅倒入油，烧至五成热时轻轻倒入豆沙泥，再用木铲子翻炒。期间保持中小火。

b. 不停炒大概10分钟左右，豆沙会越来越干，越来越有黏性，直到豆沙抱成团，不再散开，即炒好了。

c. 盛出装盘，凉透后即可用来包月饼了。

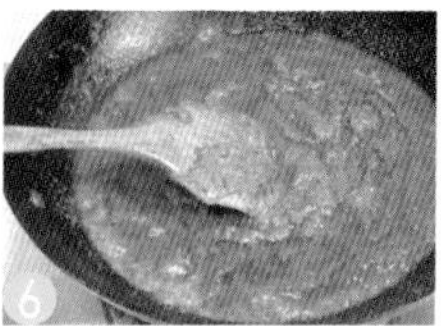
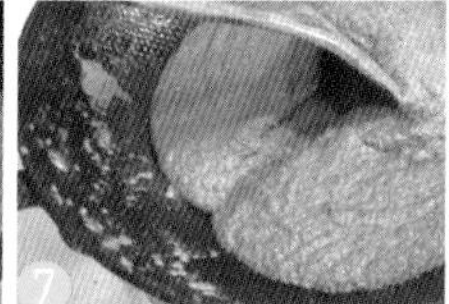
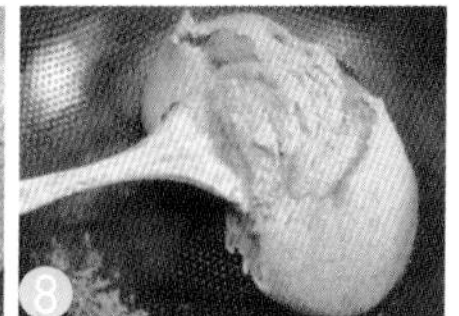

零失败必看

1. 在用搅拌机打泥的时候，多打几分钟，可以充分地打成细腻的泥；打的时候需要有一定的汤汁，不然容易搅拌不动，如果发现搅拌不动了，可以适当加点清水稀释。
2. 在包月饼前，豆沙必须完全冷却再使用，有热度的话，会比较软，完全冷却的硬度正好。
3. 豆沙炒至不粘锅，抱成团，即是最佳效果。
4. 油糖的比例可按个人喜好稍微减少点，但不能过分减少。
5. 可以用色拉油替换猪油，这样会更健康点，但在使用时相对会软点。

零失败必看

1. 巧克力一定要选用烘焙专用的巧克力。
2. 融化巧克力的时候碗里不能有一滴水。
3. 巧克力倒入模具后，不要去碰它。
4. 巧克力屋做好后很脆，一定要小心搬动，不然容易碎掉，可惜了。
5. 巧克力和模具网上都可以买到。

"可以吃的房子"

想要一座全是巧克力的房子

现在的孩子真幸福，有这么好看好吃的圣诞礼物。想到了自己的小时候，在童话故事中看到过可以吃的房子，一直梦想拥有真的巧克力屋，但梦想一直遥不可及。现在，学习烘焙后，发现做个巧克力屋居然是这么简单的事情。

材料：黑巧克力400g，白巧克力100g，彩色糖果若干，巧克力屋模具一套

1 融化巧克力

将黑白巧克力切碎，分别装入干净无水的碗中，先把黑巧克力隔热水融化。水温在60～90度之间都可以，用勺子边搅拌边融化。白巧克力先不要融化，等黑巧克力做成巧克力屋后，再融化白巧克力。

2 倒入模具中

准备好巧克力屋的模具，清洗干净，擦拭干净不留一滴水。将黑巧克力液体淋入模具中，一次成形，在变硬前不要去动它，留一点黑巧克力液在碗里。

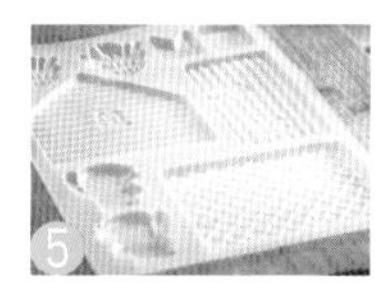

3 搭个小房子

在黑巧克力完全变硬后取下各种形状的巧克力板，用碗里还剩下的一点黑巧克力液，将巧克力板拼接成巧克力屋。将白巧克力液淋在屋顶上，当作白雪，粘上彩色糖果，就大功告成啦。

"我最爱巧虎了"

你很棒！巧虎正能量饭团

有时候发现孩子上个月还没搞清楚自己、妈妈和外婆三个人之前的关系，这个月突然就知道了外婆原来是妈妈的妈妈；孩子时刻都在成长，每一次的惊喜都值得鼓励，用一份充满创意的美食，告诉孩子你很棒！

材料：米饭1碗，鸡蛋1个，海苔1张

1 把米饭捏成球

戴上一次性手套，将米饭捏成一大两小的3个饭团。将大饭团按扁做成巧虎的头，将小饭团按扁，放在饭团上方的左右两侧，做巧虎的耳朵。

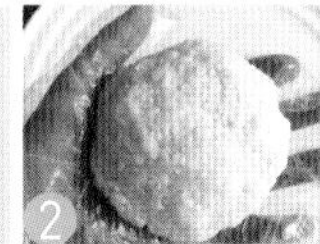
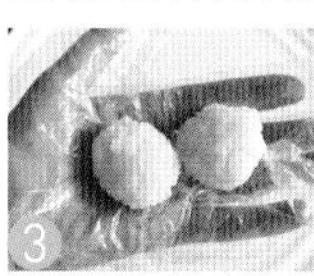
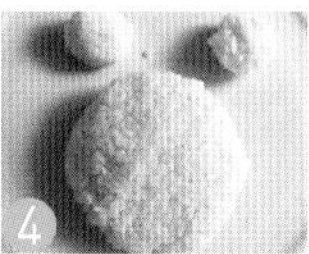

2 摊个鸡蛋皮

将鸡蛋打成蛋液，在锅中摊成鸡蛋皮。找出一张巧虎的图片，将鸡蛋皮盖在饭团上，切掉多余的外轮廓边，挖去耳朵和嘴巴位置的蛋皮，留出白来。

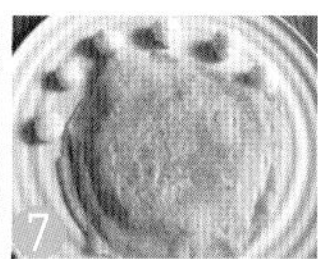
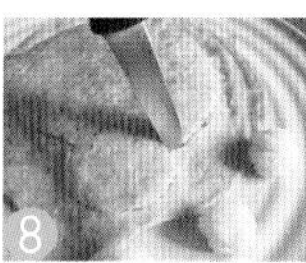

3 海苔做五官

参考图片上的头部轮廓线条，将海苔用剪刀剪出轮廓线。将剪好的海苔贴到饭团上，进行适当地修剪。多余的米饭和蛋皮可放在巧虎周围装饰用。

米饭中可调入盐和香油等调味品。建议选择用不粘锅小火摊鸡蛋皮，保证不失败。

@ 宝宝妈

祝福语：亲爱的宝宝，你是妈妈最大的骄傲，人生的道路上难免会有磕磕碰碰，遇到挫折，妈妈希望你一直都能坚强、勇敢、快乐、健康！

@ 雅淇妈妈

祝福语：宝贝，感谢你选择我做妈妈，我很珍惜这份天赐的母女缘分，妈妈愿意和你共成长、同进步，愿你一生平安、快乐、幸福！

@ 昊昊妈妈

祝福语：宝贝，我们最幸福的时光，就是和你在一起享受生活的每个片段。当你有烦恼和困难时，请记住我们永远会站在你身后。

@peter-mm

祝福语：所有宝贝们——吃嘛嘛香，身体倍儿棒！

@lucky 0cherry

祝福语：当你入睡时，我端详着你的小脸，幸福的感觉在心底荡开，妈妈希望你一直一直健康幸福每一天！

孩子不吃饭，家长怎么办？

第一：要先考虑孩子是否生病了

孩子挑食这个现象，在很多家庭中都存在，首先你得考虑孩子是否生病了。这个需要带孩子去医院看下。如果没有，那就得考虑是不是家长自身的问题了。很多家庭的长辈会比较宠爱孩子，只做孩子爱吃的菜，或者不停地给孩子买零食吃，这样势必会影响孩子的正餐，也会养成孩子挑食的习惯，娇纵的脾气。

第二：我就是孩子的榜样

家长每天要做到一日三餐准时吃饭，荤菜、素菜都要吃，米饭也要吃。席间姿势端正，少说话，不虎咽也不拖延。给孩子示范标准的饮食习惯是非常重要的，小孩子认真起来，一学就会的，也会跟着养成良好的习惯。

第三：讲个故事来引导

举个我们孩子小时候的例子。我抱着孩子上楼梯，一口气走到5楼，然后我说："你看！妈妈抱着你一口气走到5楼，力气大不大？"她说："大！"我又说："知道妈妈为什么力气这么大吗？因为妈妈每顿饭都吃光光！所以才有力气！你要不要跟妈妈一样有力气啊？"她于是回答："我也要！"以此类推，生活中有很多这样的素材可以利用，可以经常以自己身上发生的事情作为案例，顺其自然地讲给孩子听。不用讲大道理，只要让孩子多感受什么都爱吃给自己带来的好处即可。也会有很多有趣的童话绘本是关于好好吃饭的，可以买来和孩子一起进行亲子阅读，有心的妈妈可以百度看看，非常的有用。（我主办的"子瑜妈妈幼儿读书会"也组织过相关主题的绘本分享，欢迎关注@子瑜妈妈幼儿读书会，经常会有各种学龄前儿童的精彩绘本推荐。）

第四：在孩子面前吃得很香

这很简单，你在孩子面前吃饭的时候，吃一口青椒，然后做出很美味很享受的样子，并且配上点文字："这青椒可真好吃啊！" 一次不行，多反复几次，时间久了，孩子也会觉得很好吃的。其实有一点是很有用的，家里有小宝宝的妈妈们还来得及，就是从小添加，每天吃一点。我们子瑜从6个月后我就一直给她吃胡萝卜泥，到现在，基本上每天都吃的，她现在非常喜欢吃胡萝卜。

第五：表现优秀时，美食奖励下

当孩子今天在学校表现优秀的时候，你可以做一道美食奖励孩子，这样可以鼓励孩子每天都积极向上地学习。我经常用这样的方式鼓励我的孩子，非常有效。性格主动的孩子，还可以邀请他和你一起制作美食，自己做的食物都会吃得特别的香的。

第六：食欲不振时做顿花样美食吧

由于天气变化、环境变化，孩子的情绪也会跟着变化，有的时候孩子是真的会食欲不振，家长需要引起重视，在关注孩子心理的同时为孩子做一些花样的开胃美食，帮孩子度过食欲不振期。年龄大点的孩子，可以邀请他一起参与制作美食，自己做的美食，孩子会吃得很香的。